INFOGRAPHIC
GUIDE TO
# MOVIES

# 数据之美
## 电影篇

[英] 凯伦 · 克里扎诺维奇 著
肖 竞 译

電子工業出版社
Publishing House of Electronics Industry
北京 • BEIJING

First published in Great Britain in 2013 by Cassell Illustrated, a division of Octopus Publishing Group Ltd
Carmelite House, 50 Victoria Embankment, London EC4Y 0DZ


版权贸易合同登记号　图字：01-2022-2244

**图书在版编目（CIP）数据**

数据之美. 电影篇/（英）凯伦·克里扎诺维奇（Karen Krizanovich）著；肖竞译. 一北京：电子工业出版社，2022.5
ISBN 978-7-121-43431-0

Ⅰ. ①数…　Ⅱ. ①凯…　②肖…　Ⅲ. ①数据处理
Ⅳ. ①TP274

中国版本图书馆CIP数据核字（2022）第078204号

书中涉及数据的时效性均以原版书出版时间为准，相关数据统计如与我国官方数据有出入，均以我国统计为准，特此说明。

审图号：GS（2022）2717号
书中地图系原文插附地图

责任编辑：张　冉
印　　刷：河北迅捷佳彩印刷有限公司
装　　订：河北迅捷佳彩印刷有限公司
出版发行：电子工业出版社
　　　　　北京市海淀区万寿路173信箱　　　邮编：100036
开　　本：787×980　1/16　　印张：38.75　　字数：819千字
版　　次：2022年5月第1版
印　　次：2022年5月第1次印刷
定　　价：298.00元（全4册）

凡所购买电子工业出版社图书有缺损问题，请向购买书店调换。若书店售缺，请与本社发行部联系，联系及邮购电话：（010）88254888，88258888。

质量投诉请发邮件至zlts@phei.com.cn，盗版侵权举报请发邮件至dbqq@phei.com.cn。

本书咨询联系方式：（010）88254439，zhangran@phei.com.cn，微信号：yingxianglibook。

# 目录

# 引言

凯伦·克里扎诺维奇

尽管绝大多数人都算不上职业评论家，但每个人都认为自己有权对电影发表评论，这并不是毫无道理的。阿尔弗雷德·希区柯克曾经说过：“摒弃生活中的无聊部分，剩下的就是戏剧。”我们之所以喜爱电影，是因为电影为我们提供了一个逃避现实生活的出口，让我们看到其中蕴含的无限可能性。电影可以向我们展现难以想象的东西，就像谁又能想到，一个篮球会成为你最好的朋友呢（电影《荒岛余生》中的情节）？

希区柯克对生活的评论同样适用于数据，数据反映的是将所有无用内容摒弃之后的统计信息。专家认为，数据图表这类工具能够帮助人们以最快的速度了解事实并强化记忆。这是因为图形和表格能够满足视觉系统关注规律和趋势的天然需求，帮助大脑（及其主人）获取关键信息并不断更新。简言之，如果你通过数据图表获得了信息，最直接的效果就是你在聚会闲聊、参加考试和接受面试时的表现会更好。对数据图表的合理利用，可以让你成为一个受欢迎且知识广博的人，但是一定要注意尺度，否则有可能会成为只会炫耀知识的讨厌鬼。

很多人都会高估自己对电影的理解。很少有人因为现代舞蹈或经典“蓝草音乐”陷入争论，但在对电影持有不同观点的时候，争论的情况却并不少见。即便你把人生的大部分时间都花在观看电影上，也不意味着你一定是专家。为了帮助你应对无处不在的“电影争议”，有关电影的数据图表可以让你更加清晰地了解主人公（如007）的行动路线等有趣的知识，毫无疑问，这些知识能够帮助你在争论中立于不败之地。对于那些不喜欢数字的读者来说，图表也是梳理和记忆时间线的有效工具。对于电影这种艺术形式（也是一种娱乐形式）来说，可视化记忆是建立严肃思考模式的关键。

当然，哪怕像数据图表这样精致和充满智慧的工具也无法涵盖一切内容。相信读者们一定可以找到不符合数据图表规律的特例，但是请不要忘记著名统计学家乔治·E. P. 博克斯曾经说过：“说到底，所有模型都不是完全准确的，但其中一些是有用的。”数据图表同样如此，它们是有用的，却不是完美的，也不可能做到面面俱到。因为随着电影工业的发展，谁都无法预测未来的电影是怎样的，将来回头看今天的电影，也许就跟我们看到录像带的感受一样。美国著名数学家约翰·图基曾说过：“为正确的问题给出一个大致的答案，哪怕是模糊不清的，也远远好过为错误的问题给出一个准确的答案，尽管后者往往可以做到非常精确。”如果我有幸与图基先生成为朋友的话，我一定会当面大声称赞这个结论。

所以不妨认真享受数据图表带来的好处，用心感受其中精心设计的图形和展示数据的精妙方式。如果你通过理性判断发现了其中的谬误，那么恭喜你，这说明你的逻辑和认知水平已经超越了数据图表本身能够提供的信息。你永远可以找到更多的数据，而新数据的出现会改变你对旧数据的看法。两者相辅相成，缺一不可。如果无法理解数据，那么令人眼花缭乱的图表也就失去全部意义了。或者就像赫伯特·乔治·威尔斯在1904年所说的那样：“人类距离充分理解‘在一个崭新而复杂的世界中作为一位合格的公民究竟意味着什么’也许不远了，但同样重要的是，那样一个世界中的每个人都应当具备从平均、最低和最高三个维度进行计算和思考的能力，正如今天我们需要学会如何读和写一样。”从这个意义上来说，阅读数据图表可能正是为未来所做的关键准备。

我们特地遗漏了一些内容没有收录进本书，你知道为什么吗？因为伟大的电影演员、导演、制作人肖恩·潘曾经说：“如果所有问题都能得到解答，那么一定有答案是假的。”

# 如何制作一部电影？

从一个灵感到一部举世轰动的佳作，要经历许多环节，有时甚至需要花费几年的时间。当然，有些电影仅用了几个月就完成了全部制作，这完全取决于制作者能够以多快的速度完成下面这些工作。

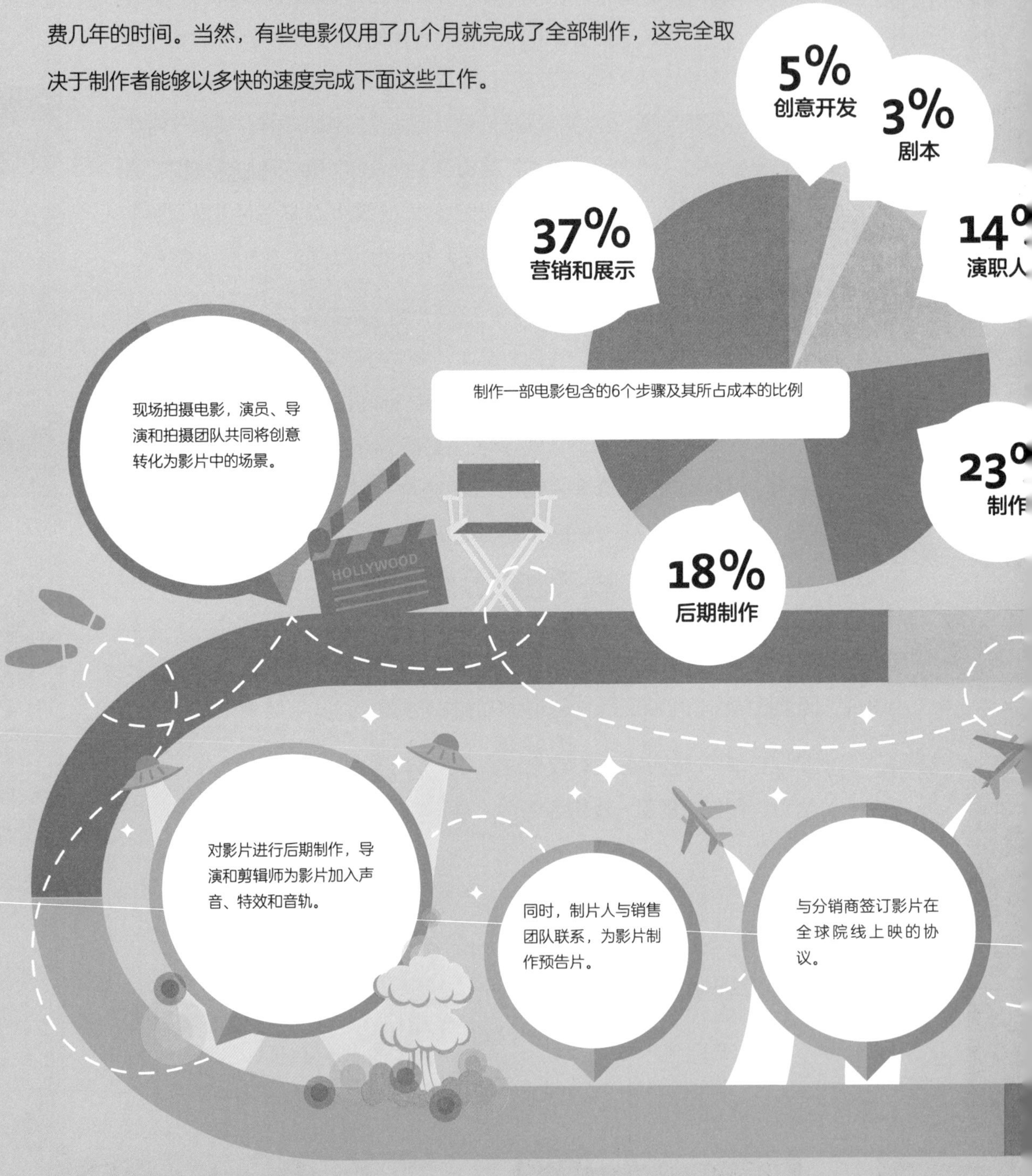

5%
创意开发
3%
剧本
14%
演职人
37%
营销和展示
制作一部电影包含的6个步骤及其所占成本的比例
23%
制作
18%
后期制作
现场拍摄电影，演员、导演和拍摄团队共同将创意转化为影片中的场景。
HOLLYWOOD
对影片进行后期制作，导演和剪辑师为影片加入声音、特效和音轨。
同时，制片人与销售团队联系，为影片制作预告片。
与分销商签订影片在全球院线上映的协议。

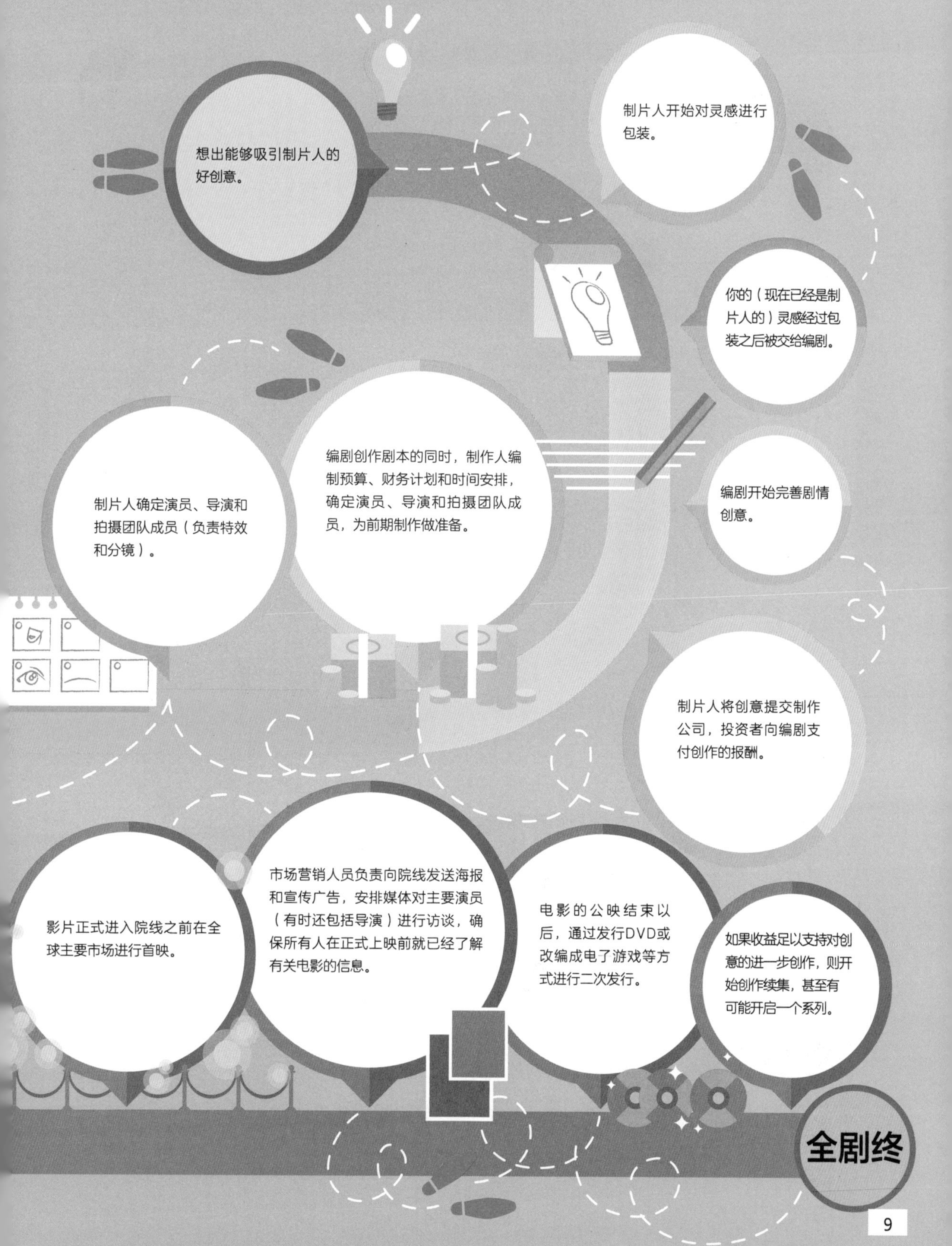
想出能够吸引制片人的好创意。
制片人开始对灵感进行包装。
你的（现在已经是制片人的）灵感经过包装之后被交给编剧。
编剧开始完善剧情创意。
制片人将创意提交制作公司，投资者向编剧支付创作的报酬。
编剧创作剧本的同时，制作人编制预算、财务计划和时间安排，确定演员、导演和拍摄团队成员，为前期制作做准备。
制片人确定演员、导演和拍摄团队成员（负责特效和分镜）。
影片正式进入院线之前在全球主要市场进行首映。
市场营销人员负责向院线发送海报和宣传广告，安排媒体对主要演员（有时还包括导演）进行访谈，确保所有人在正式上映前就已经了解有关电影的信息。
电影的公映结束以后，通过发行DVD或改编成电了游戏等方式进行二次发行。
如果收益足以支持对创意的进一步创作，则开始创作续集，甚至有可能开启一个系列。
全剧终

# 20世纪70年代的经典电影

通过这些图片回想20世纪70年代10部经典佳作的名字。图片上还提供了每部电影名的第一个字。

答案见第152页

# 你见过这位女士吗?

根据女性电影评论家的意见，如果选取著名女演员的身体部位组成一位完美的女性，她应该是这样的……下图展示了女演员及其身体部位，角色出处、上映年份和票房等。

**眼睛**
卡梅隆・迪亚兹
《我为玛丽狂》1998
**3.7亿美元**

**鼻子**
娜塔莉・波特曼
《星球大战1：幽灵的威胁》1999
**10.3亿美元**

**嘴唇**
安吉利娜・朱莉
《史密斯夫妇》2005
**4.78亿美元**

**颈部**
哈莉・贝瑞
《X战警：背水一战》2006
**4.59亿美元**

**手臂**
米拉・乔沃维奇
《第五元素》1997
**2.64亿美元**

**胯部**
凯拉・奈特莉
《加勒比海盗：聚魂棺》2006
**10.7亿美元**

**头型**
吉娜・戴维斯
（和苏珊・萨兰登的头脑）
《末路狂花》1991
**1亿美元**

**头发**
梅根・福克斯
《变形金刚2：卷土重来》2009
**8.36亿美元**

**颧骨**
凯特・布兰切特
《指环王：国王归来》2003
**11.2亿美元**

**下巴**
安妮・海瑟薇
《蝙蝠侠：黑暗骑士崛起》2012
**11亿美元**

**胸部**
斯嘉丽・约翰逊
《复仇者联盟》2012
**15亿美元**

**臀部**
凯特・贝金赛尔
《珍珠港》2001
**4.49亿美元**

**腿**
奥利维亚・维尔德
《创：战纪》2012
**4亿美元**

资料来源：Box Office Mojo。已获得使用授权。

# 好莱坞最炙手可热的明星（第1部分）

从总票房金额来看，最成功的六位男演员分别是汤姆·汉克斯、艾迪·墨菲、哈里森·福特、塞缪尔·L. 杰克逊、摩根·弗里曼和汤姆·克鲁斯。通过梳理他们的演艺生涯，可以了解到一些有趣的信息。

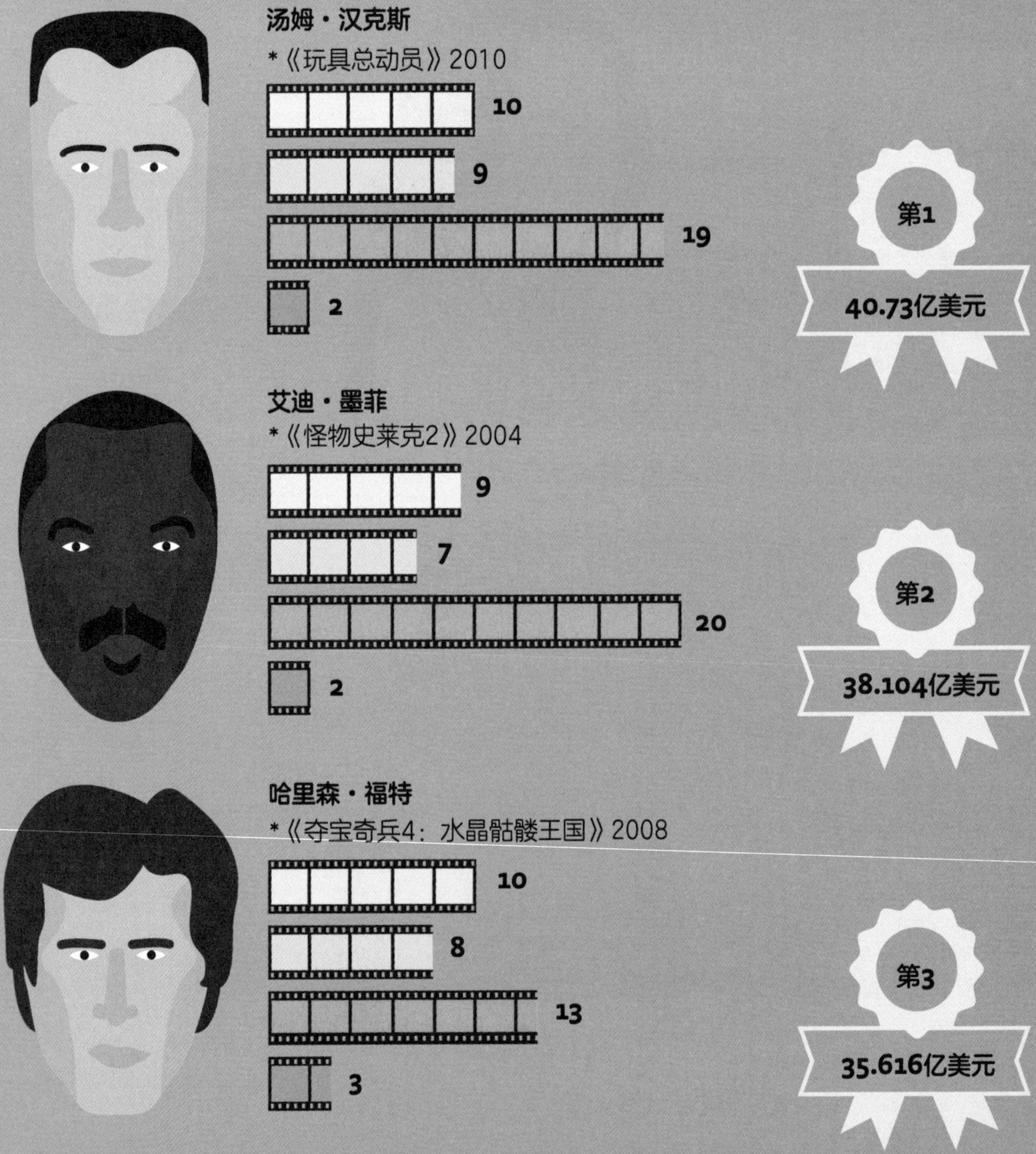

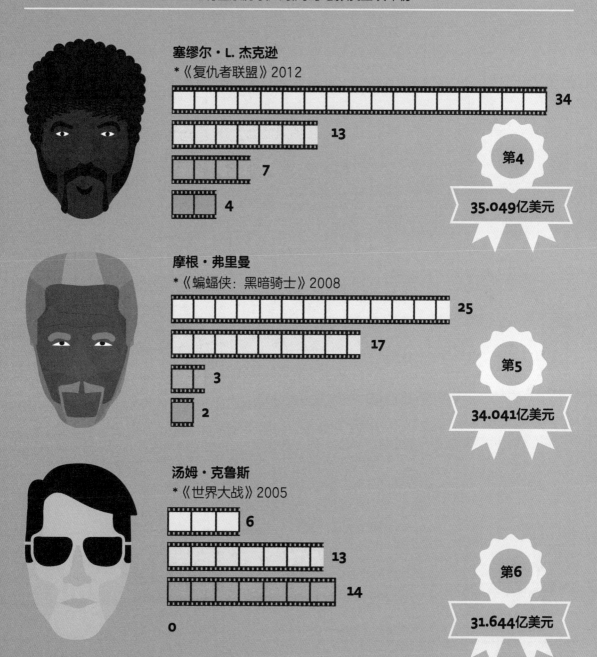

## 图例

票房收入0～3300万美元的电影

票房收入6700万～2.99亿美元的电影

票房收入3400万～6600万美元的电影

获得巨大成功的电影（票房3亿美元以上）

*=此明星票房收入最高的电影及上映年份

**塞缪尔·L. 杰克逊**

*《复仇者联盟》2012

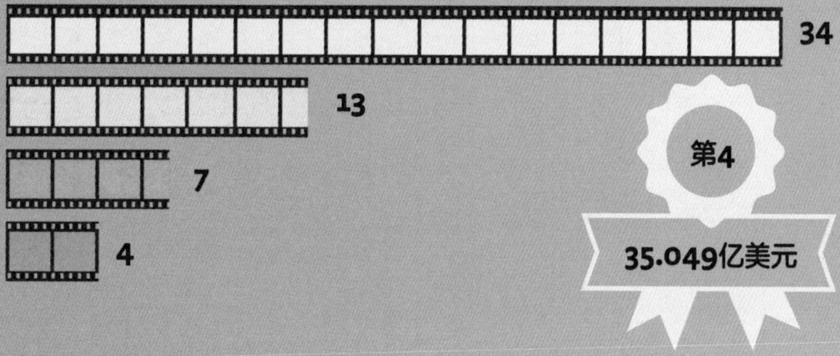

**摩根·弗里曼**

*《蝙蝠侠：黑暗骑士》2008

**汤姆·克鲁斯**

*《世界大战》2005

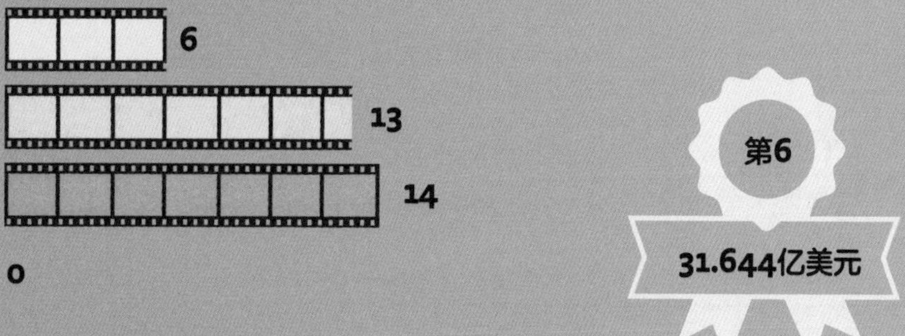


资料来源：Box Office Mojo和IMDb。已获得使用授权。

# 法国映像

尽管存在争议，但很多人认为法国电影为美国电影人提供了最多灵感。这里列举了15部法国电影和它们的美国翻拍版。

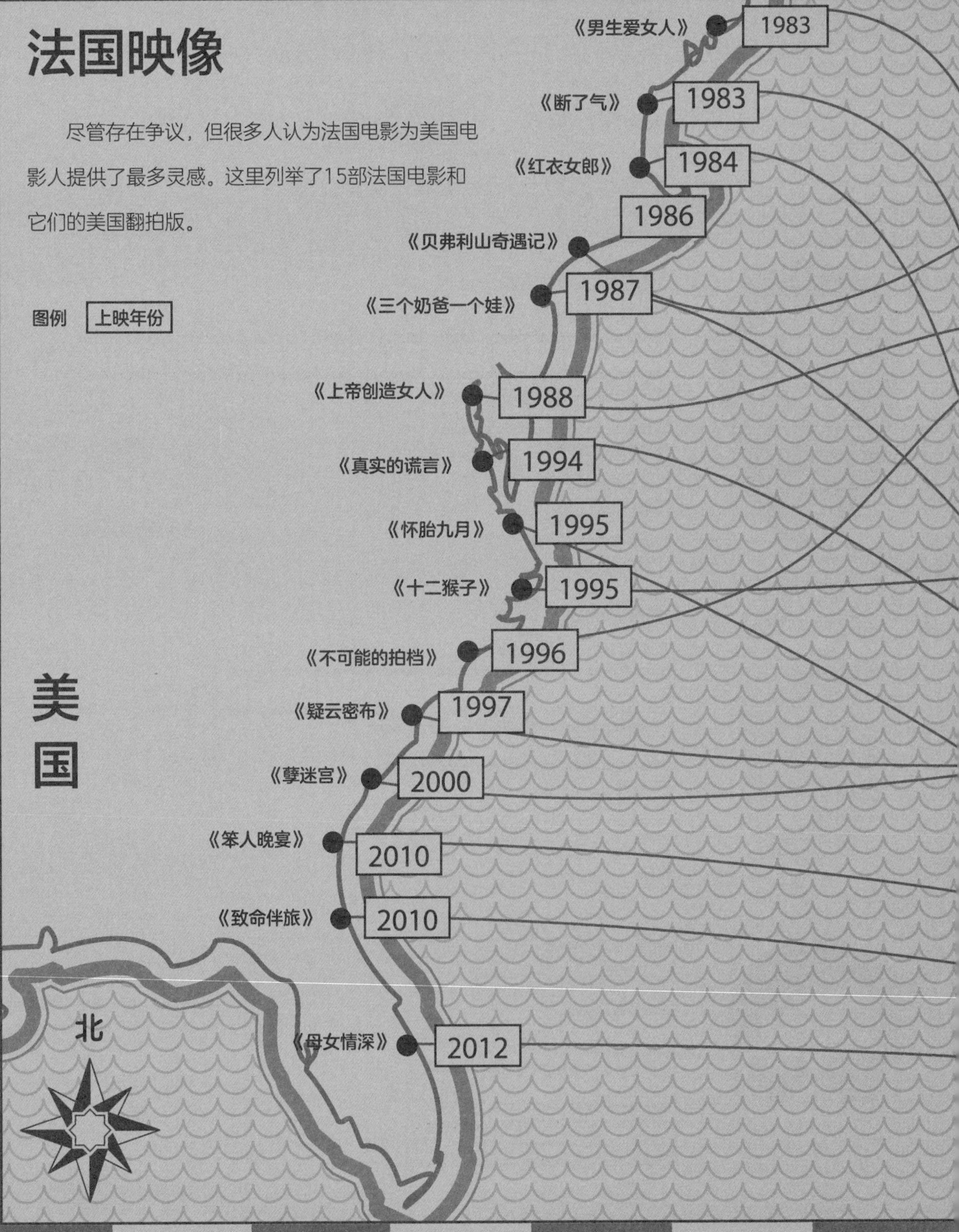

# 法国

1932 《布杜落水遇救记》
导演：让·雷诺阿，主演：米切尔·西芒

1955 《恶魔》
导演：亨利-乔治·克鲁佐，主演：西蒙·西涅莱、薇拉·克劳佐、保罗·默里

1956 《上帝创造女人》
导演：罗杰·瓦迪姆，主演：碧姬·芭铎、库尔特·尤尔根斯、简-路易斯·特林提格南特

1960 《断了气》
导演：让-吕克·戈达尔，主演：让-保罗·贝尔蒙多、珍·茜宝

1962 《堤》
导演：克里斯·马克，主演：埃莱娜·夏特兰、达沃斯·哈尼奇

1976 《大象骗人》
导演：伊夫·罗贝尔，主演：让·雷谢夫、克洛德·布拉瑟

1977 《痴男怨女》
导演：弗朗索瓦·特吕弗，
主演：查尔斯·登纳、莱斯利·卡伦、布丽吉特·佛西

1981 《审判》
导演：克劳德·米勒
主演：罗密·施耐德、米歇尔·塞鲁特

1983 《伙伴》
导演：法兰西斯·威柏
主演：皮埃尔·理查德、杰拉尔·德帕迪约

1985 《三个男人一个摇篮》
导演：柯琳娜·塞罗
主演：罗兰·吉罗、米歇尔·布热纳、安德烈·杜索里埃

1991 《间谍一家亲》
导演：克洛德·齐迪
主演：蒂埃里·莱尔米特、缪缪、米歇尔·布杰纳

1994 《九月怀胎》
导演：帕特里克·布劳德
主演：菲利平·勒鲁瓦-博利约、卡瑟琳·雅各布、
帕特里克·布劳德

1998 《晚餐游戏》
导演：弗朗西斯·韦贝尔
主演：雅克·维列雷、蒂埃里·莱尔米特、爱丽桑德·维特洛

2005 《逃之夭夭》
导演：吉勒莫·塞勒
主演：苏菲·玛索、伊万·阿达勒、萨米·弗雷

2008 《母女情深》
导演：丽萨·阿祖洛斯
主演：苏菲·玛索、克丽丝塔·泰瑞特、杰瑞米·卡彭

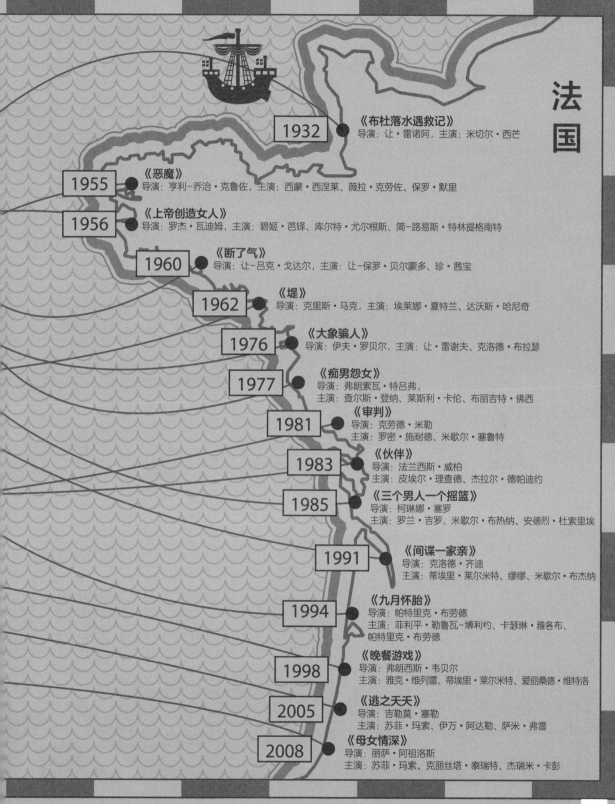

# “功夫之王”

谁才是真正的功夫之王？成龙还是李连杰？尽管两人在大银幕上有过合作，但如果以成功电影的全球票房总额来算，李连杰（1963年4月26日出生于中国北京）要比成龙（1954年4月7日出生于中国香港）略胜一筹。

《霍元甲》（2006）
全球总票房
**约0.7亿美元**

**最卖座的三部电影**
《致命武器4》（1998）
《敢死队》（2010）
《木乃伊3：龙帝之墓》（2008）
全球总票房
**约9.6亿美元**

## 李连杰

《敢死队1》和《敢死队2》
（2010、2012）
全球总票房
**约5.7亿美元**

《英雄》(2004)
全球总票房
**约18亿美元**

**联袂出演**
成龙和李连杰

## 功夫电影的先驱李小龙

很可惜已经无法确知功夫传奇李小龙（1940年11月27日出生于美国旧金山，1973年7月20日去世于中国香港）最成功的三部电影的票房，据估计，总额大约为3.2亿美元。

1 **《精武门》（1972）**
全球票房估算总额
1亿美元

2 **《龙争虎斗》（1973）**
全球票房估算总额
9千万美元

3 **《猛龙过江》（1972）**
全球票房估算总额
1.3亿美元

资料来源：Box Office Mojo。已获得使用授权。

# 穿过矩阵

在《黑客帝国》三部曲的第一部中，尼奥的经历可以概括为以下1～20的场景，让我们追随他的脚步穿过矩阵。

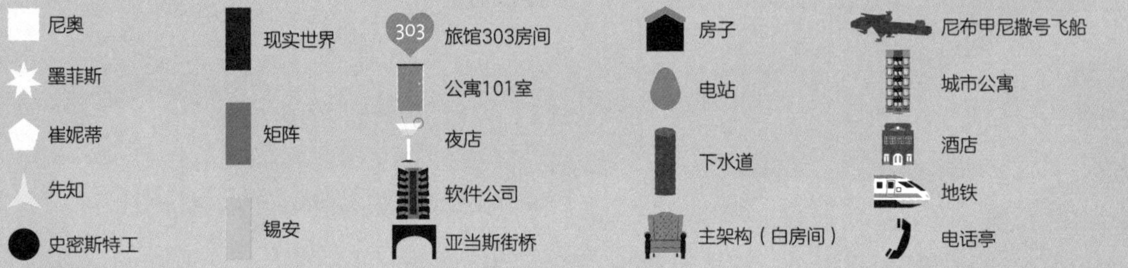


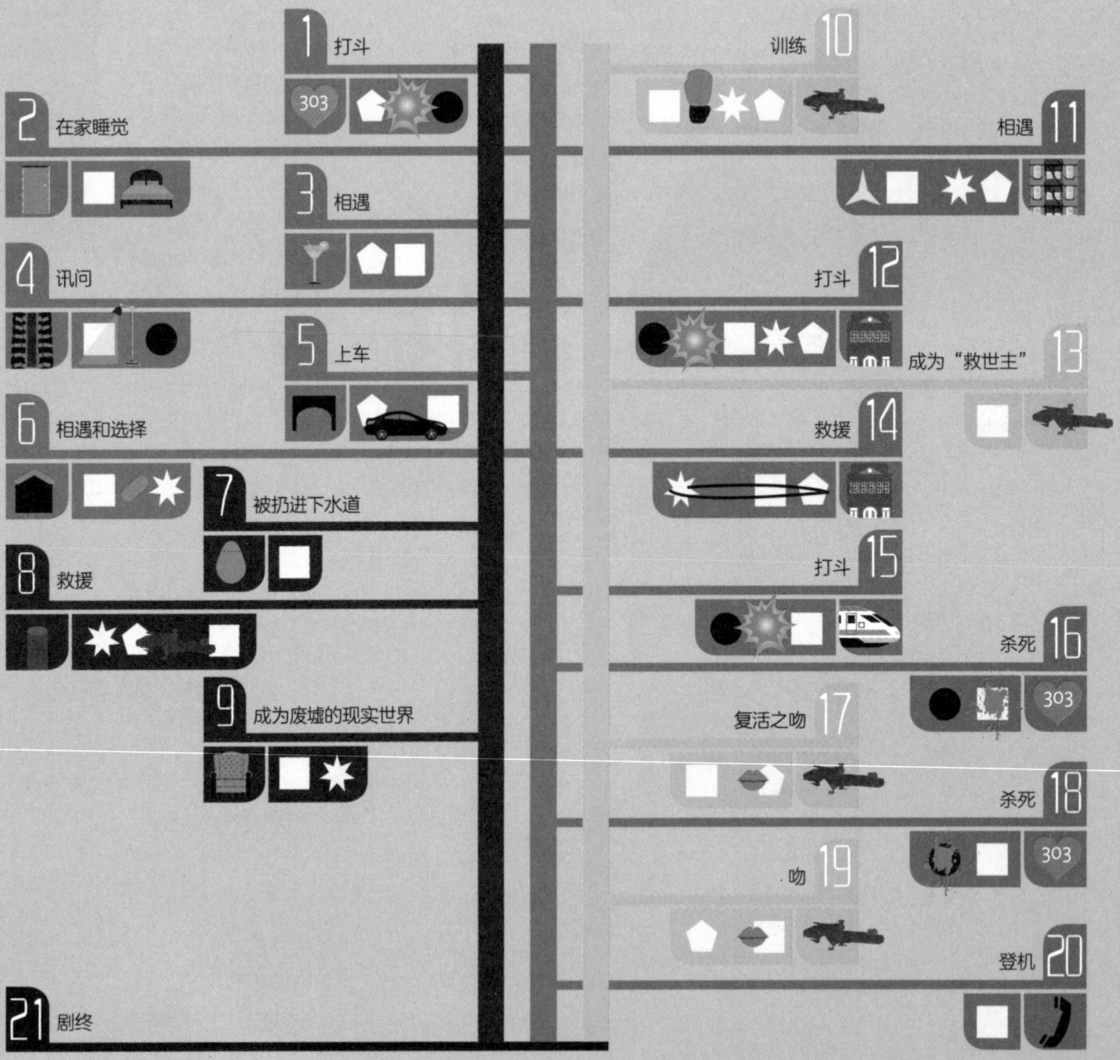

# “其实我是一位演员……”

即便是好莱坞巨星，在成名之前可能也做着一份非常普通的工作来养家糊口。下面列出9位演员在演艺之路上大放异彩之前从事的工作和薪酬（原来的收入*），并与他们成名后的收入进行了比较（2013年的身价①）。

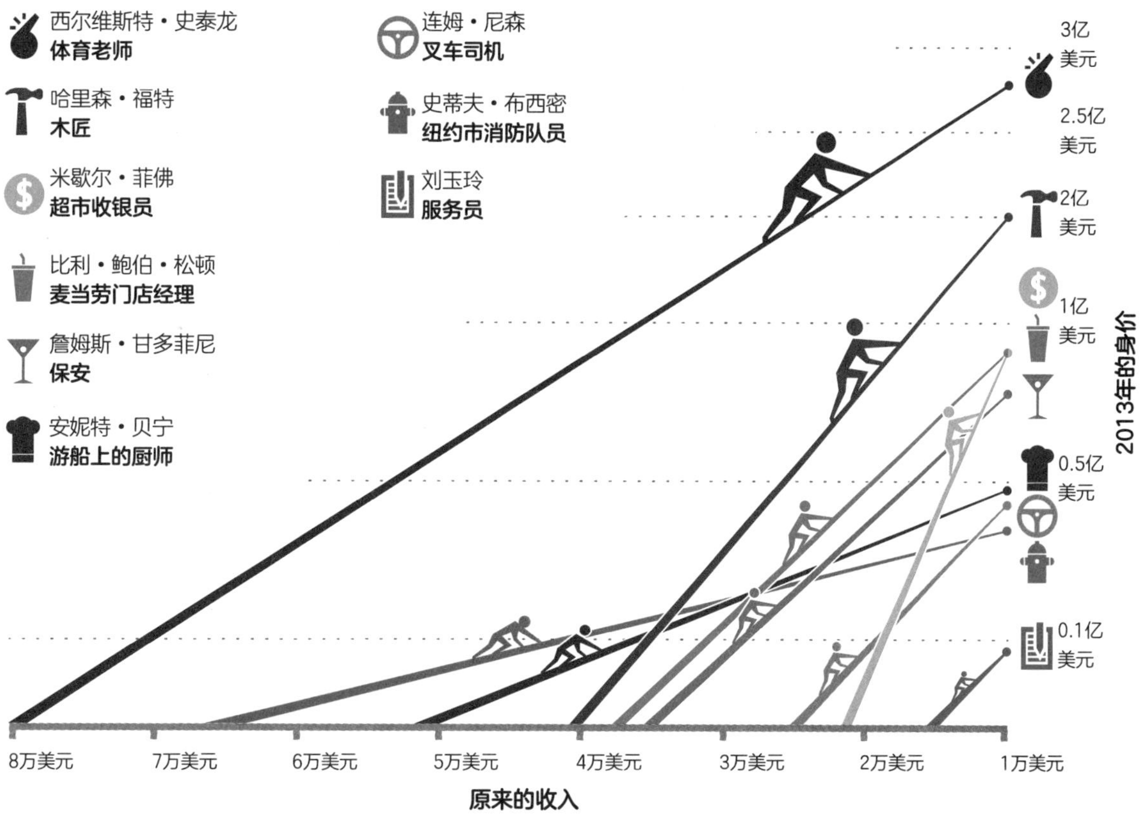


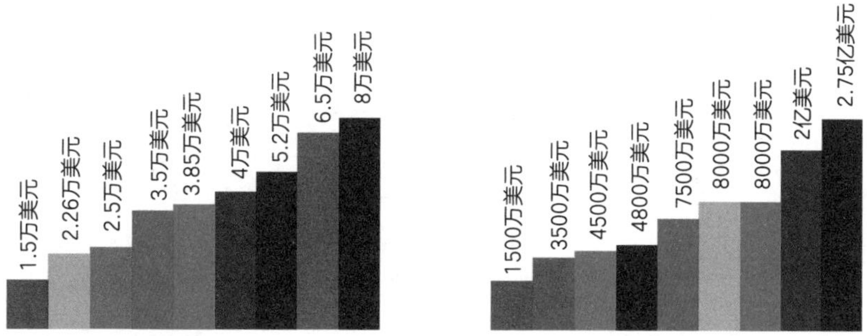


* 一周工作40小时的平均工资

① 坐标图（上图）中的数值与柱图（下图）中的数值不一致，系原书错误。——译者注

资料来源：名人资产净值统计网站；纽约市政府综合网站；维基问答网站

# 去往欧洲出外景

2000年以来，不少欧洲国家为了鼓励在当地拍摄电影，都出台了税费减免的政策。一些城市甚至成为某些类型电影的首选拍摄地点，下图显示了部分具有代表性的城市和在当地取景的电影（含名称和上映年份）。

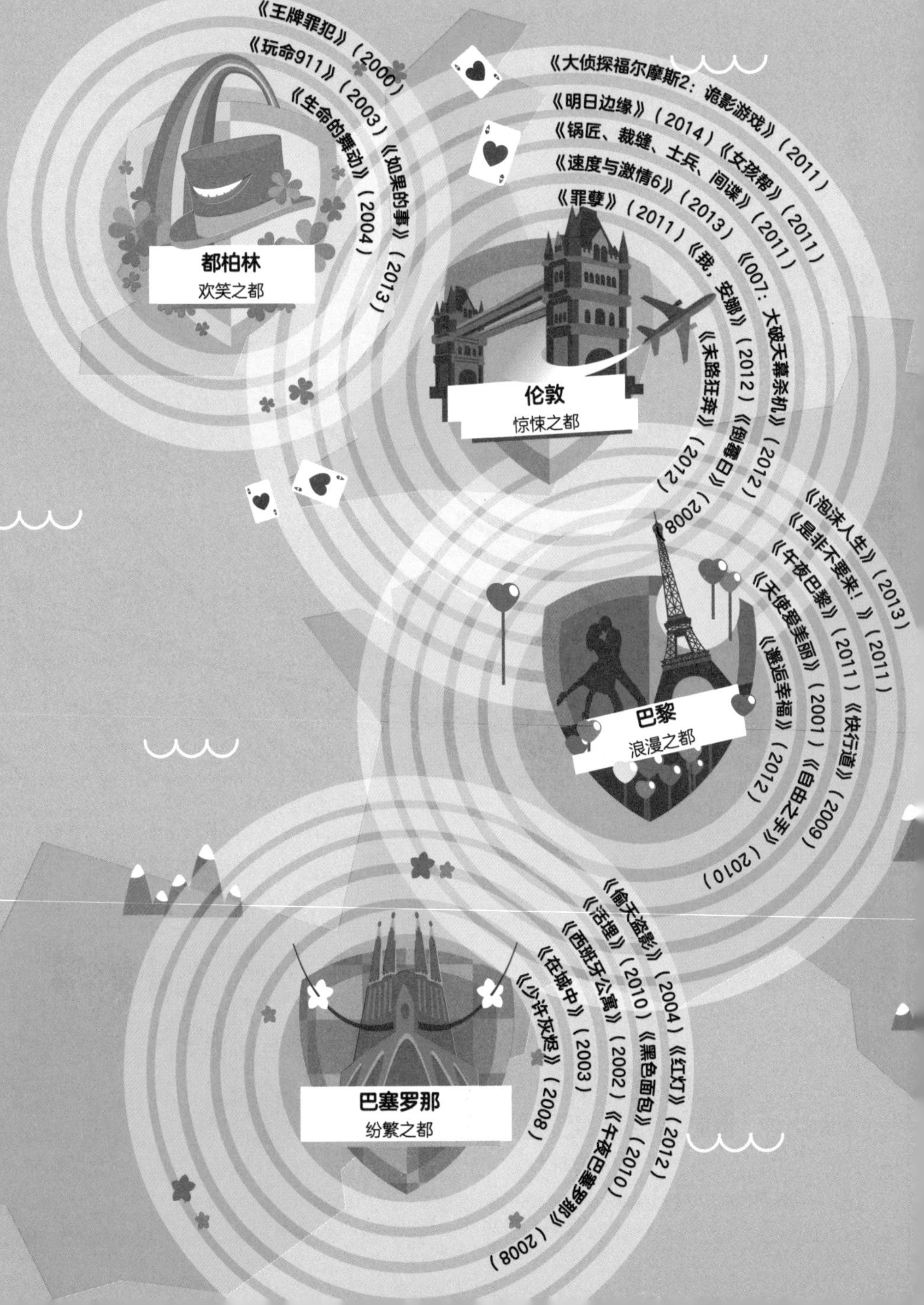

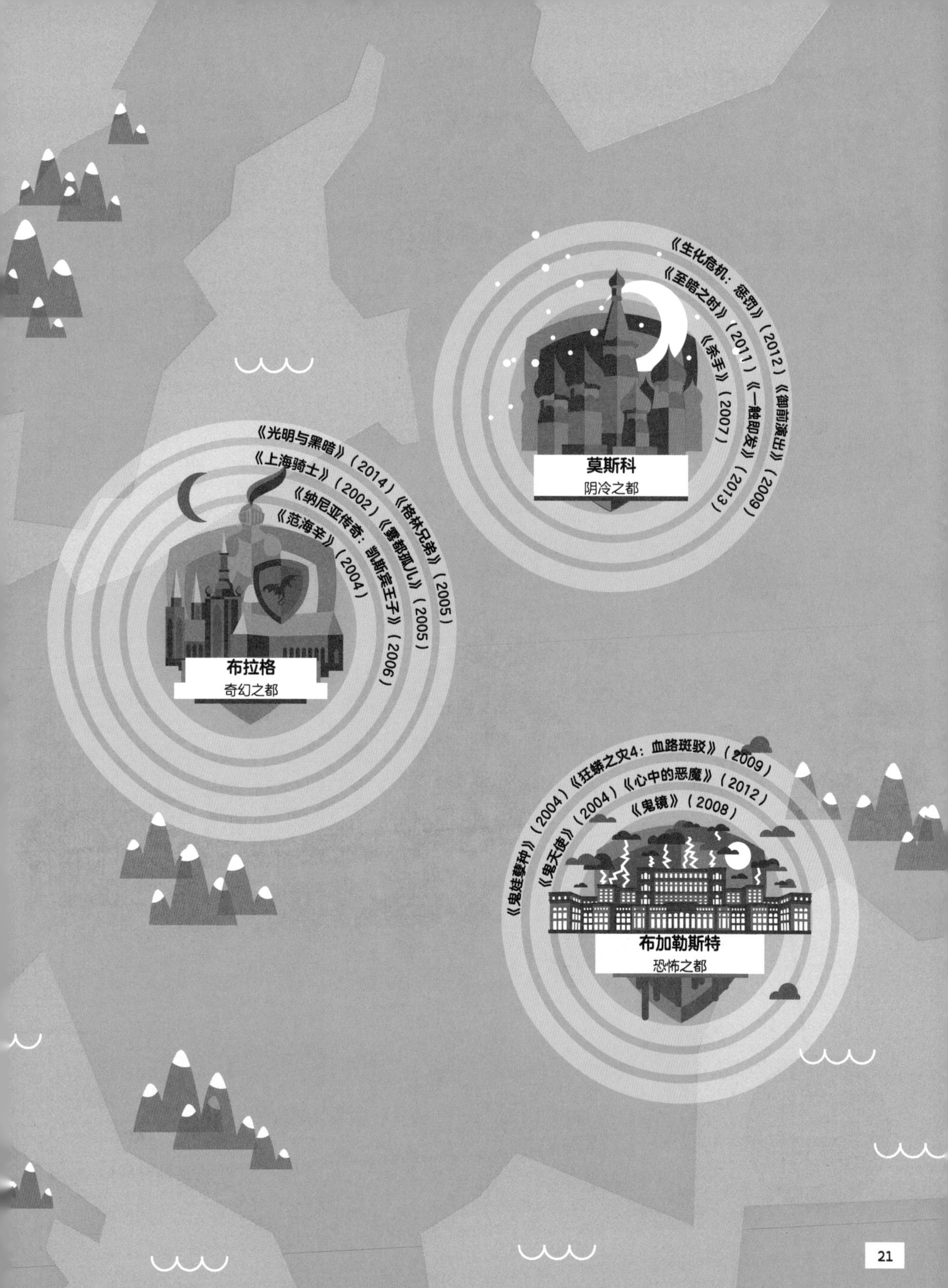

《生化危机：惩罚》（2012）《御前演出》（2009）
《至暗之时》（2011）《一触即发》（2013）
《杀手》（2007）
莫斯科
阴冷之都
《光明与黑暗》（2014）《格林兄弟》（2005）
《上海骑士》（2002）《雾都孤儿》（2005）
《纳尼亚传奇：凯斯宾王子》（2006）
《范海辛》（2004）
布拉格
奇幻之都
《鬼娃孽种》（2004）《狂蟒之灾4：血路斑驳》（2009）
《鬼天使》（2004）《心中的恶魔》（2012）
《鬼镜》（2008）
布加勒斯特
恐怖之都

# 凯文·贝肯的人际网络

其实，凯文·贝肯与亚伯拉罕·林肯、女王伊丽莎白二世、阿尔伯特·爱因斯坦、马歇尔·麦克卢汉、英格玛·伯格曼和一条名叫慕思的狗之间的距离都没有超过6部电影。

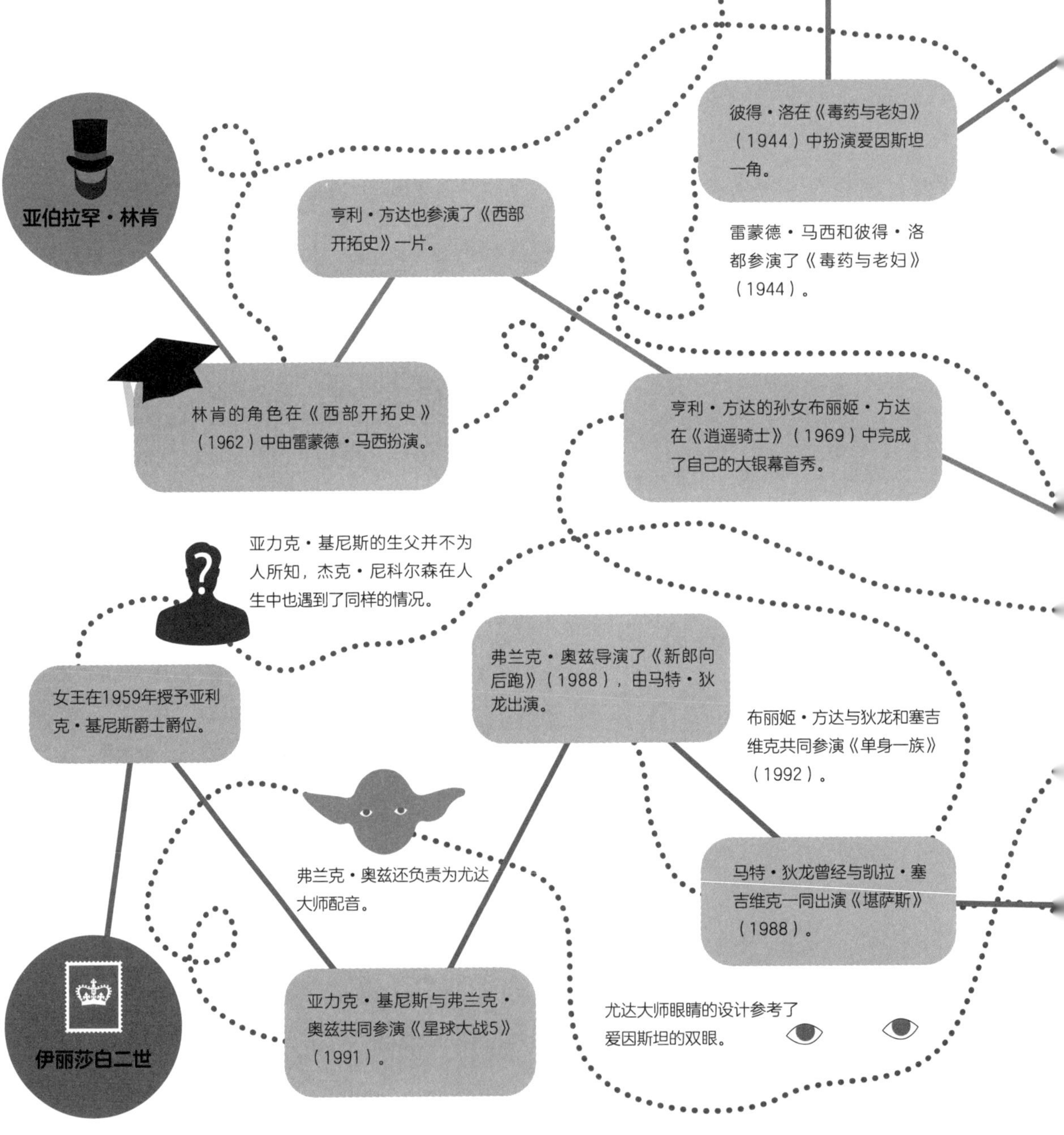

阿尔伯特·爱因斯坦
彼得·洛在《毒药与老妇》（1944）中扮演爱因斯坦一角。
雷蒙德·马西和彼得·洛都参演了《毒药与老妇》（1944）。
亚伯拉罕·林肯
亨利·方达也参演了《西部开拓史》一片。
林肯的角色在《西部开拓史》（1962）中由雷蒙德·马西扮演。
亨利·方达的孙女布丽姬·方达在《逍遥骑士》（1969）中完成了自己的大银幕首秀。
亚力克·基尼斯的生父并不为人所知，杰克·尼科尔森在人生中也遇到了同样的情况。
女王在1959年授予亚利克·基尼斯爵士爵位。
弗兰克·奥兹导演了《新郎向后跑》（1988），由马特·狄龙出演。
布丽姬·方达与狄龙和塞吉维克共同参演《单身一族》（1992）。
弗兰克·奥兹还负责为尤达大师配音。
马特·狄龙曾经与凯拉·塞吉维克一同出演《堪萨斯》（1988）。
伊丽莎白二世
亚力克·基尼斯与弗兰克·奥兹共同参演《星球大战5》（1991）。
尤达大师眼睛的设计参考了爱因斯坦的双眼。

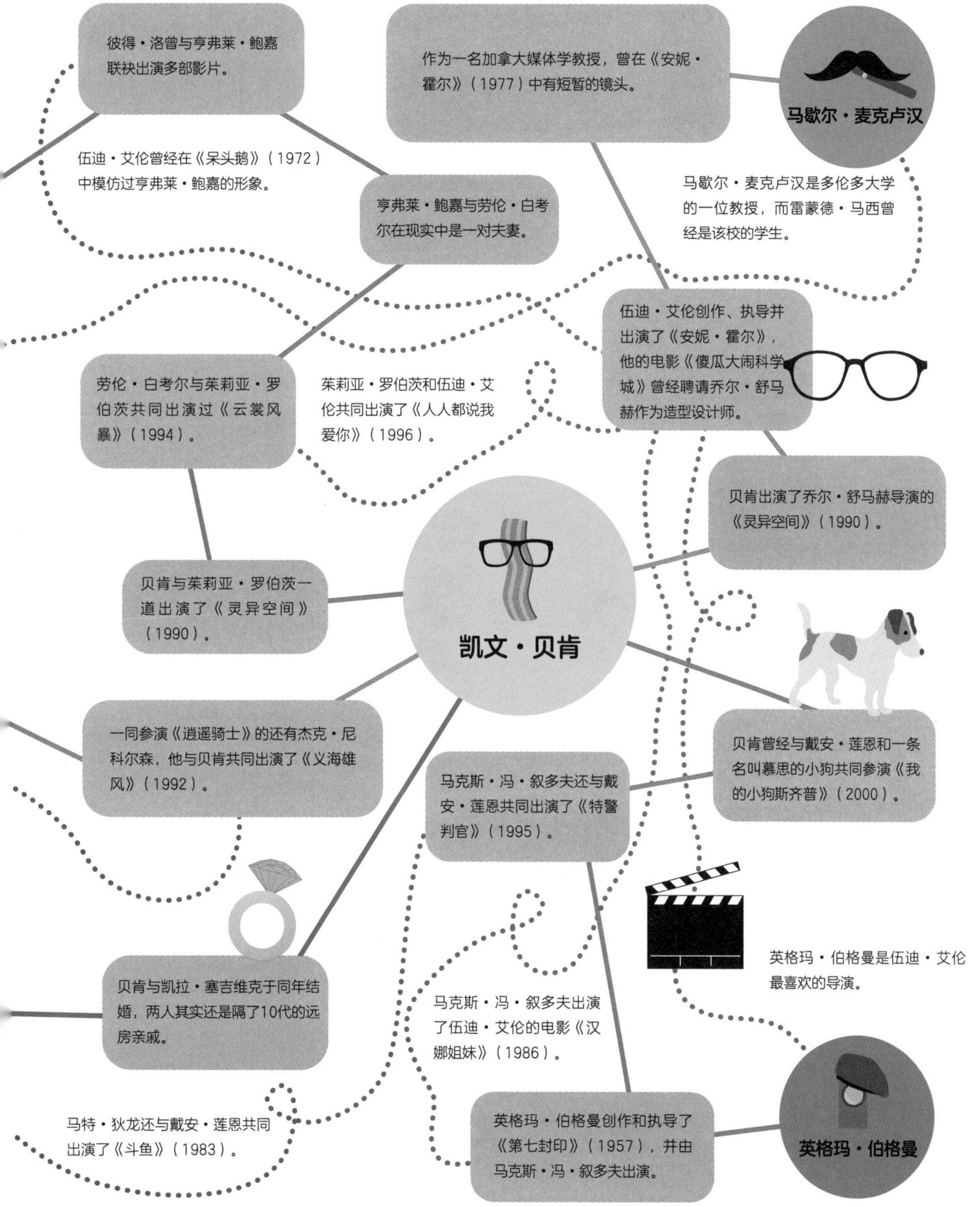
彼得·洛曾与亨弗莱·鲍嘉联袂出演多部影片。
作为一名加拿大媒体学教授，曾在《安妮·霍尔》（1977）中有短暂的镜头。
马歇尔·麦克卢汉
伍迪·艾伦曾经在《呆头鹅》（1972）中模仿过亨弗莱·鲍嘉的形象。
亨弗莱·鲍嘉与劳伦·白考尔在现实中是一对夫妻。
马歇尔·麦克卢汉是多伦多大学的一位教授，而雷蒙德·马西曾经是该校的学生。
伍迪·艾伦创作、执导并出演了《安妮·霍尔》，他的电影《傻瓜大闹科学城》曾经聘请乔尔·舒马赫作为造型设计师。
劳伦·白考尔与茱莉亚·罗伯茨共同出演过《云裳风暴》（1994）。
茱莉亚·罗伯茨和伍迪·艾伦共同出演了《人人都说我爱你》（1996）。
贝肯出演了乔尔·舒马赫导演的《灵异空间》（1990）。
贝肯与茱莉亚·罗伯茨一道出演了《灵异空间》（1990）。
凯文·贝肯
一同参演《逍遥骑士》的还有杰克·尼科尔森，他与贝肯共同出演了《义海雄风》（1992）。
马克斯·冯·叙多夫还与戴安·莲恩共同出演了《特警判官》（1995）。
贝肯曾经与戴安·莲恩和一条名叫慕思的小狗共同参演《我的小狗斯齐普》（2000）。
英格玛·伯格曼是伍迪·艾伦最喜欢的导演。
贝肯与凯拉·塞吉维克于同年结婚，两人其实还是隔了10代的远房亲戚。
马克斯·冯·叙多夫出演了伍迪·艾伦的电影《汉娜姐妹》（1986）。
马特·狄龙还与戴安·莲恩共同出演了《斗鱼》（1983）。
英格玛·伯格曼创作和执导了《第七封印》（1957），并由马克斯·冯·叙多夫出演。
英格玛·伯格曼

# 梦境的深度

在《盗梦空间》一片中，所有人在从悉尼飞往洛杉矶的飞机上入睡之后，逐一进入了四层梦境。图中每一条线都代表了一名角色在不同梦境层次中的遭遇。

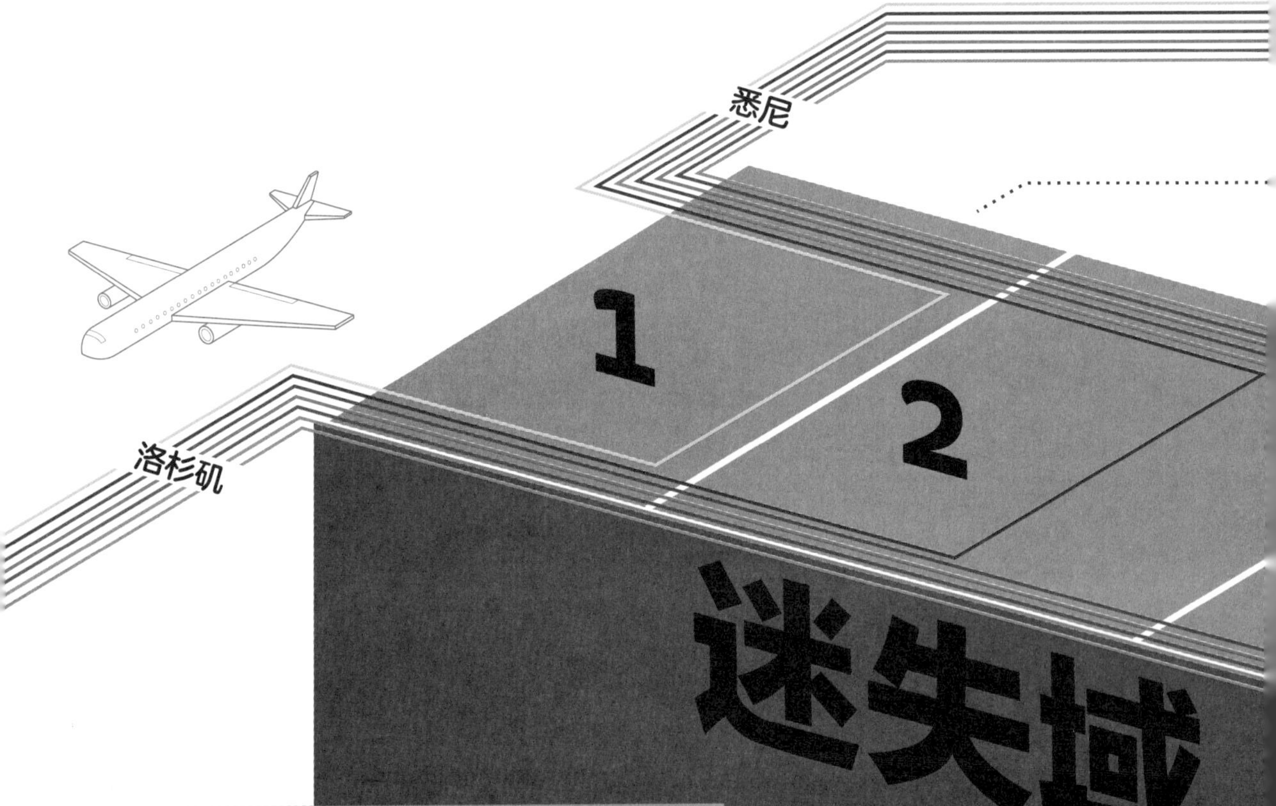

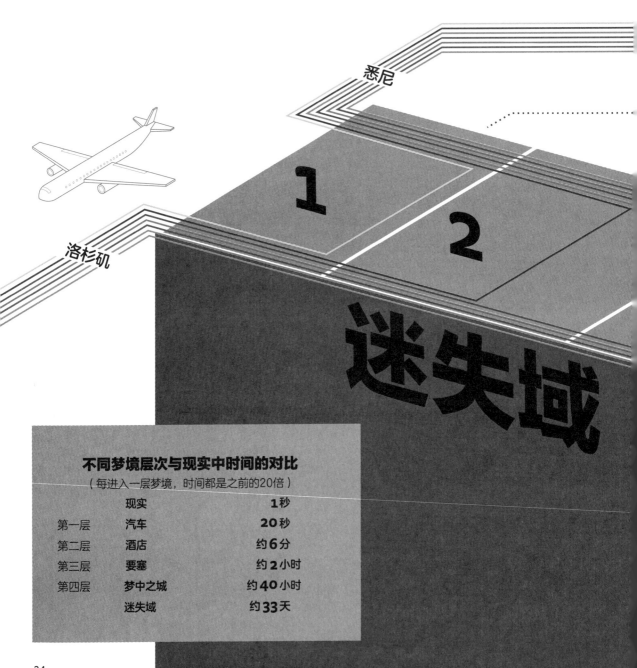

**不同梦境层次与现实中时间的对比**

（每进入一层梦境，时间都是之前的20倍）

| | | |
|---|---|---|
| | **现实** | **1秒** |
| 第一层 | **汽车** | **20秒** |
| 第二层 | **酒店** | **约6分** |
| 第三层 | **要塞** | **约2小时** |
| 第四层 | **梦中之城** | **约40小时** |
| | **迷失域** | **约33天** |

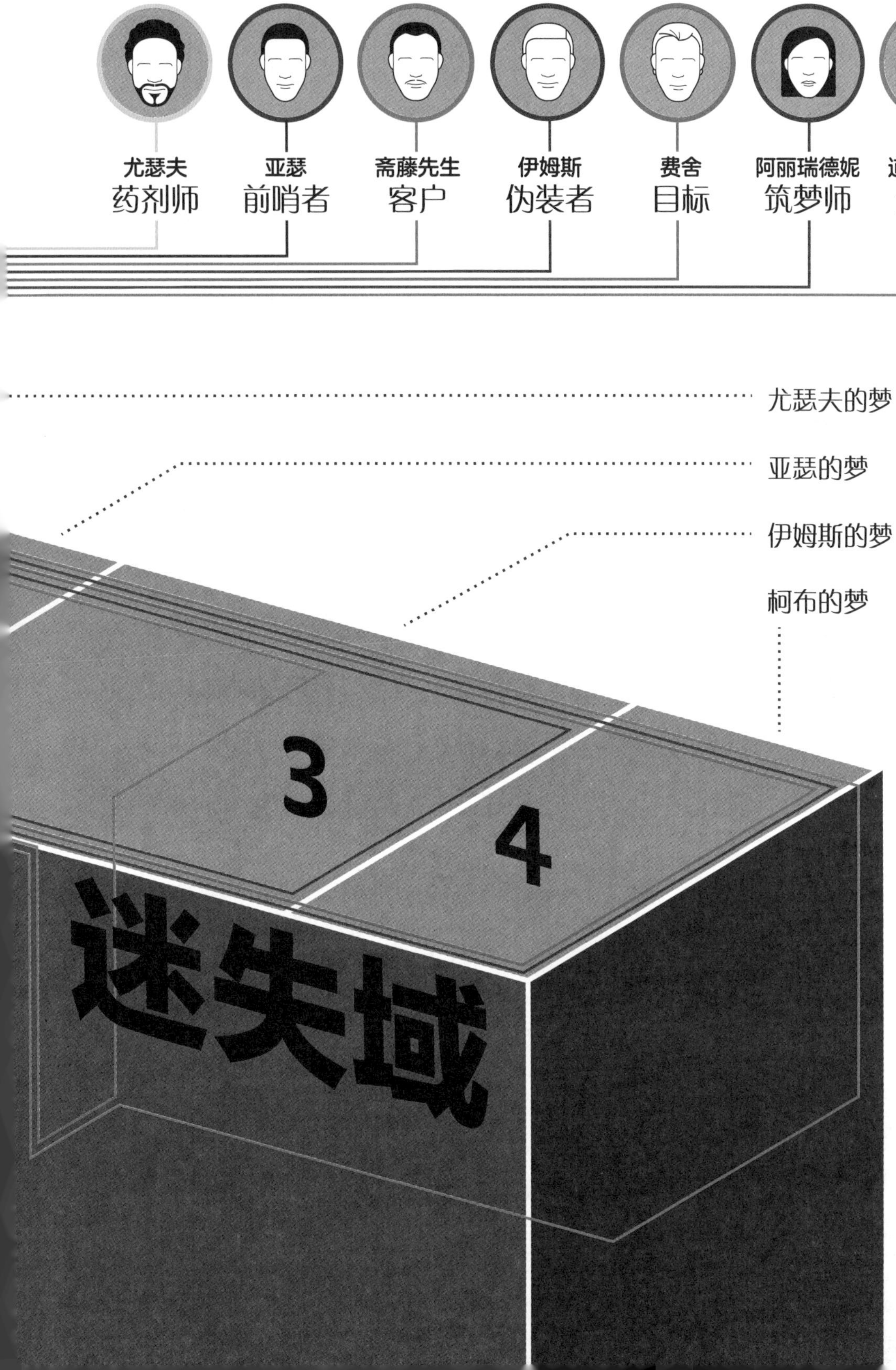
尤瑟夫
药剂师
亚瑟
前哨者
斋藤先生
客户
伊姆斯
伪装者
费舍
目标
阿丽瑞德妮
筑梦师
道姆・柯布
造梦师
尤瑟夫的梦
亚瑟的梦
伊姆斯的梦
柯布的梦
3
4
迷失域

# 错过最后一场电影

这里我们列出了几位英年早逝（去世时不到40岁）的电影明星（及生卒日期、年龄），以及他们生前最后一部电影（上映时间）和票房。

**希斯·莱杰**

1979.4.4—2008.1.22 (28)

《魔法奇幻秀》

2009年12月

**6180万英镑**

**艾莉雅**

1979.1.16—2001.8.25 (22)

《吸血鬼女王》

2002年2月

**4550万英镑**

**詹姆斯·迪恩**

1931.2.8—1955.9.30 (24)

《巨人传》

1956年10月

**3500万英镑**

**玛丽莲·梦露**

1926.6.1—1962.8.5 (36)

《乱点鸳鸯谱》

1961年1月

**820万英镑**

**克里斯·法利**

1964.2.15—1997.12.18 (33)

《鬼马双镖客》

1998年5月

**613.7万英镑**

**卡罗尔·隆巴德**

1908.10.6—1942.1.16 (33)

《你逃我也逃》

1942年3月

**210万英镑**

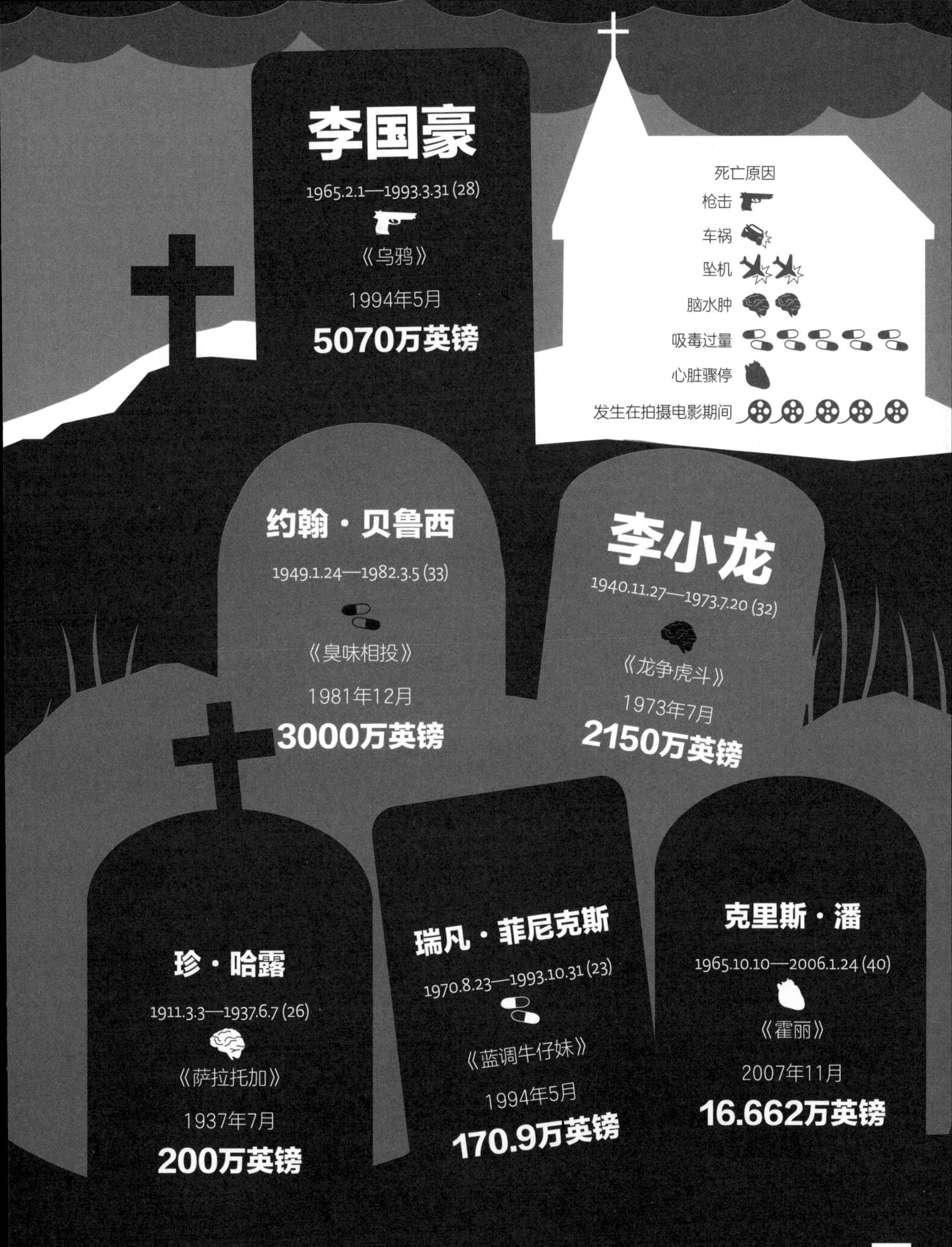


资料来源：Box Office Mojo和IMDb。已获得使用授权。

# 我是“艾伦·史密西”

如果导演对成片不满意且不愿署名，那么最终影片上映时导演的名字就会被写作艾伦·史密西。实际上，这恰恰是一种明智的做法，做出这样选择的导演也很少会为此感到后悔。值得一提的是，《双龙一虎闯天关》作为一部“艾伦·史密西电影”，制作成本大约1000万美元，艾伦·史密西（由艾瑞克·爱都扮演）还作为主要人物登上了银幕。

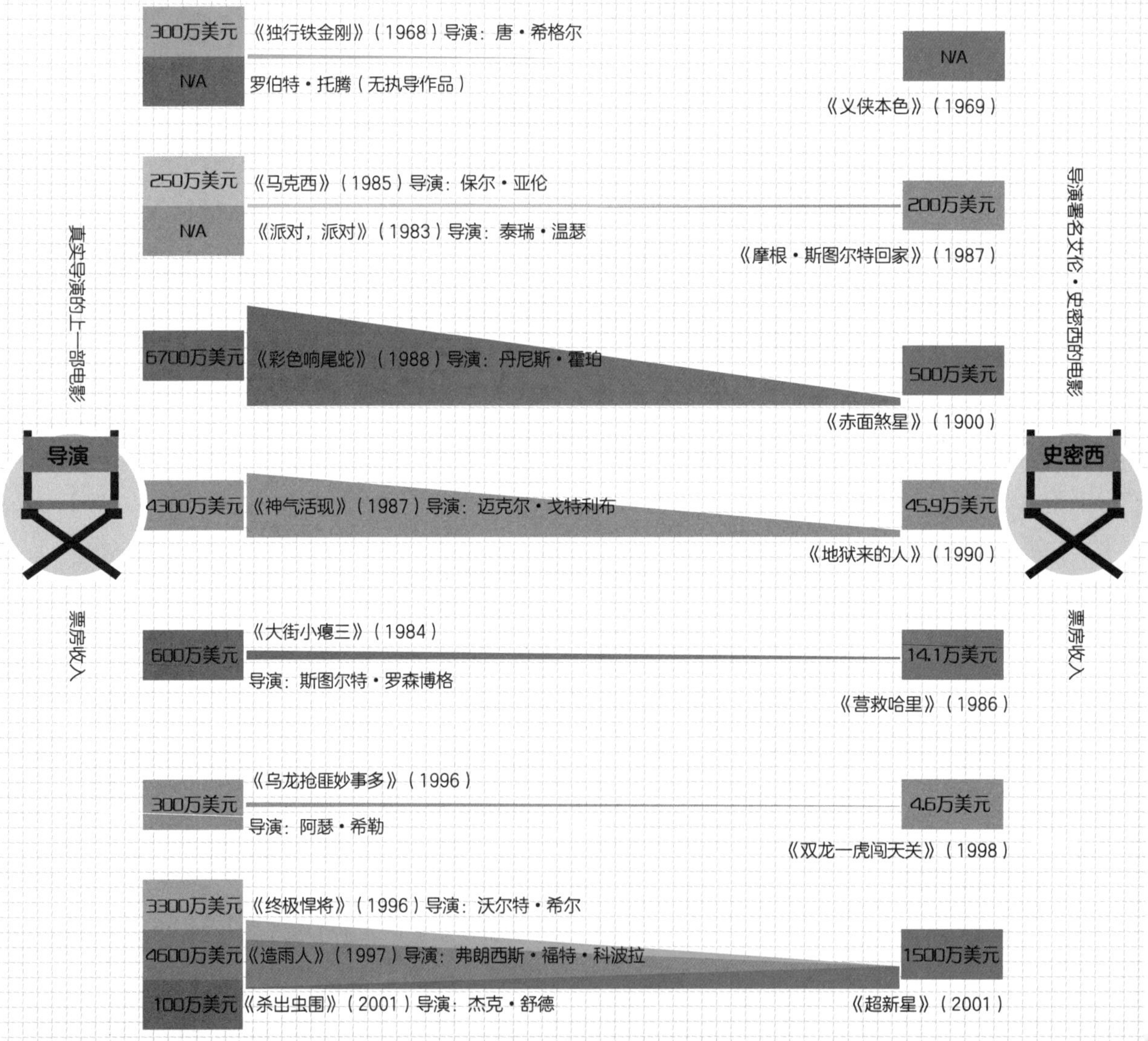




资料来源：Box Office Mojo和IMDb。已获得使用授权。

# 谁是瑞恩·高斯林?

早在2013年，瑞恩·高斯林（出生于1980年11月21日）就宣布自己将息影一段时间，用来“反思自己为什么要演戏，以及应该如何演戏”。为了帮助他更好地反思自己，我们在这里列出了他最成功的10部影片及其所扮演的角色。

动作
喜剧
犯罪
剧情
爱情
惊悚

**1**
在《疯狂愚蠢的爱》（2011）中扮演一名职业花花公子。
**票房1.43亿美元**

**2**
在《恋恋笔记本》（2004）中扮演一名爱得刻骨铭心的男子。
**票房1.16亿美元**

**3**
在《匪帮传奇》（2011）中扮演一名曾是二战老兵的酗酒警官。
**票房9900万美元**

**4**
在《破绽》（2007）中扮演一名无情且野心勃勃的律师。
**票房9100万美元**

**5**
在《亡命驾驶》（2011）中扮演一名特技演员、机械师和车手。
**票房7600万美元**

**6**
在《总统杀局》（2011）中扮演一名理想主义的助选人。
**票房7600万美元**

**7**
在《数字谋杀案》（2002）中扮演一名高中生杀人犯。
**票房5670万美元**

**8**
在《蓝色情人节》（2010）中扮演一位深爱自己妻子的工薪族。
**票房1200万美元**

**9**
在《充气娃娃之恋》（2007）中陷入对充气娃娃的深深爱恋之中。
**票房1100万美元**

**10**
在《生死停留》（2005）中扮演一名具有自杀倾向的心理疾病患者。
**票房830万美元**

资料来源：Box Office Mojo。已获得使用授权。

# 花钱如流水的爆炸场面

充斥着爆炸场面的电影的制作成本往往都很高。这里我们列举了5位超高票房的动作明星的电影中爆炸物、炸毁的汽车和直升机的成本。

**布鲁斯·威利斯**

《虎胆龙威4》（2007）

| 票房收入 | 拍摄预算 |
| --- | --- |
| 3.835亿美元 | 1.1亿美元 |

**阿诺德·施瓦辛格**

《真实的谎言》（1994）

| 票房收入 | 拍摄预算 |
| --- | --- |
| 3.79亿美元 | 1.15亿美元 |

**安吉丽娜·朱莉**

《特工绍特》（2010）

| 票房收入 | 拍摄预算 |
| --- | --- |
| 2.935亿美元 | 1.1亿美元 |

资料来源：Box Office Mojo和IMDb。已获得使用授权。

# 20世纪80年代的经典电影

通过这些图片回想20世纪80年代10部经典佳作的名字。图片上还提供了每部电影名的第一个字。

 答案见第152页

# 伟大的浪漫喜剧

拍摄一部留名影史的伟大浪漫喜剧需要同样杰出的男女主角。

**主演**

♀（女演员）

**茱莉亚·罗伯茨**

《风月俏佳人》
《落跑新娘》
《诺丁山》
**票房4.49亿美元**

60% 40%

♂（男演员）

**李察·基尔**

《风月俏佳人》
《落跑新娘》
**票房3.31亿美元**

60% 40%

**联合主演**

**杰克·尼科尔森**

《尽善尽美》
《爱是妥协》
**票房2.725亿美元**

35% 65%

**海伦·亨特**

《男人百分百》
《尽善尽美》
**票房3.31亿美元**

65% 35%

**特别出演**

**亚当·桑德勒**

《迪兹先生》《50次初恋》
**票房2.47亿美元**

35% 65%

**妮娅·瓦达拉斯**

《我盛大的希腊婚礼》
**票房2.411亿美元**

65% 35%

**票房排行前10的浪漫喜剧**

| | | | | | |
|---|---|---|---|---|---|
| 《我盛大的希腊婚礼》 | **票房2.414亿美元** | ♂ 约翰·考伯特 | ♀ 妮娅·瓦达拉斯 | 浪漫56% | 44%喜剧 |
| 《男人百分百》 | **票房1.828亿美元** | ♂ 梅尔·吉布森 | ♀ 海伦·亨特 | 浪漫41% | 59%喜剧 |
| 《全民情敌》 | **票房1.795亿美元** | ♂ 威尔·史密斯 | ♀ 詹妮弗·洛佩兹 | 浪漫33% | 67%喜剧 |
| 《风月俏佳人》 | **票房1.784亿美元** | ♂ 李察·基尔 | ♀ 茱莉亚·罗伯茨 | 浪漫64% | 36%喜剧 |
| 《我为玛丽狂》 | **票房1.765亿美元** | ♂ 本·斯蒂勒 | ♀ 卡梅隆·迪亚兹 | 浪漫35% | 65%喜剧 |
| 《假结婚》 | **票房1.64亿美元** | ♂ 桑德拉·布洛克 | ♀ 瑞恩·雷诺兹 | 浪漫51% | 49%喜剧 |
| 《欲望都市》 | **票房1.526亿美元** | ♂ 莎拉·杰西卡·帕克 | ♀ 克里斯·诺斯 | 浪漫57% | 43%喜剧 |
| 《落跑新娘》 | **票房1.523亿美元** | ♂ 李察·基尔 | ♀ 茱莉亚·罗伯茨 | 浪漫61% | 39%喜剧 |
| 《一夜大肚》 | **票房1.488亿美元** | ♂ 塞斯·罗根 | ♀ 凯瑟琳·海格尔 | 浪漫22% | 78%喜剧 |
| 《尽善尽美》 | **票房1.485亿美元** | ♂ 杰克·尼科尔森 | ♀ 海伦·亨特 | 浪漫50% | 50%喜剧 |

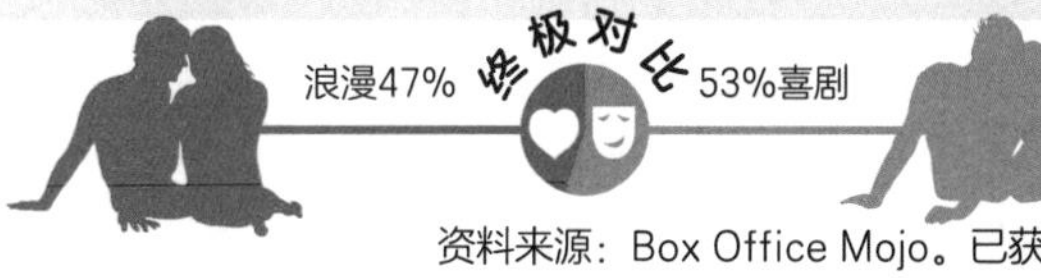


资料来源：Box Office Mojo。已获得使用授权。其他信息由作者整理。

# 谁是最棒的007?

为了庆祝詹姆斯·邦德这个人物诞生50周年，我们罗列了每一位邦德首次使用的装备、打动女性和品尝马天尼鸡尾酒的次数。为的就是弄清楚，究竟谁才是最棒的007?

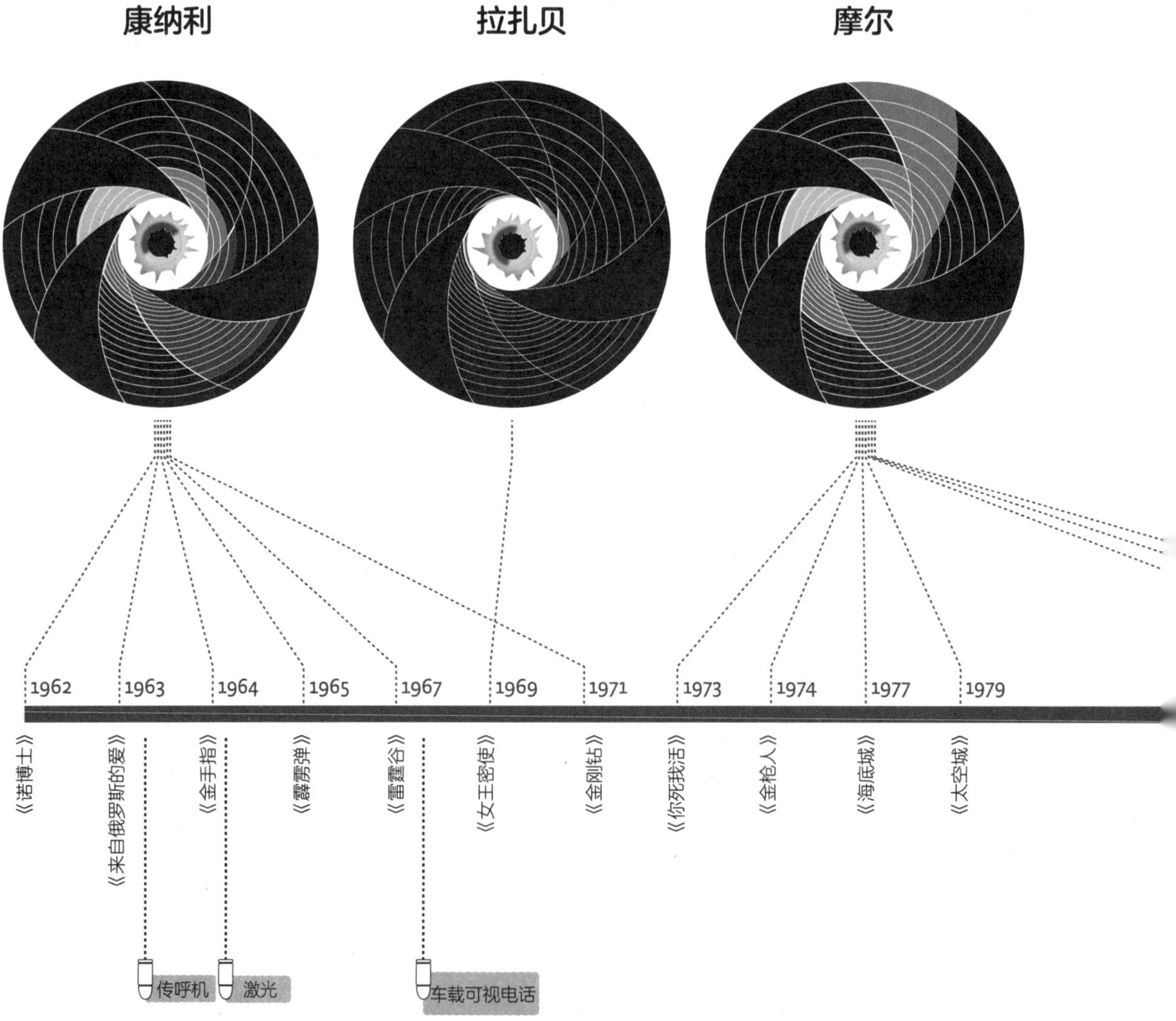

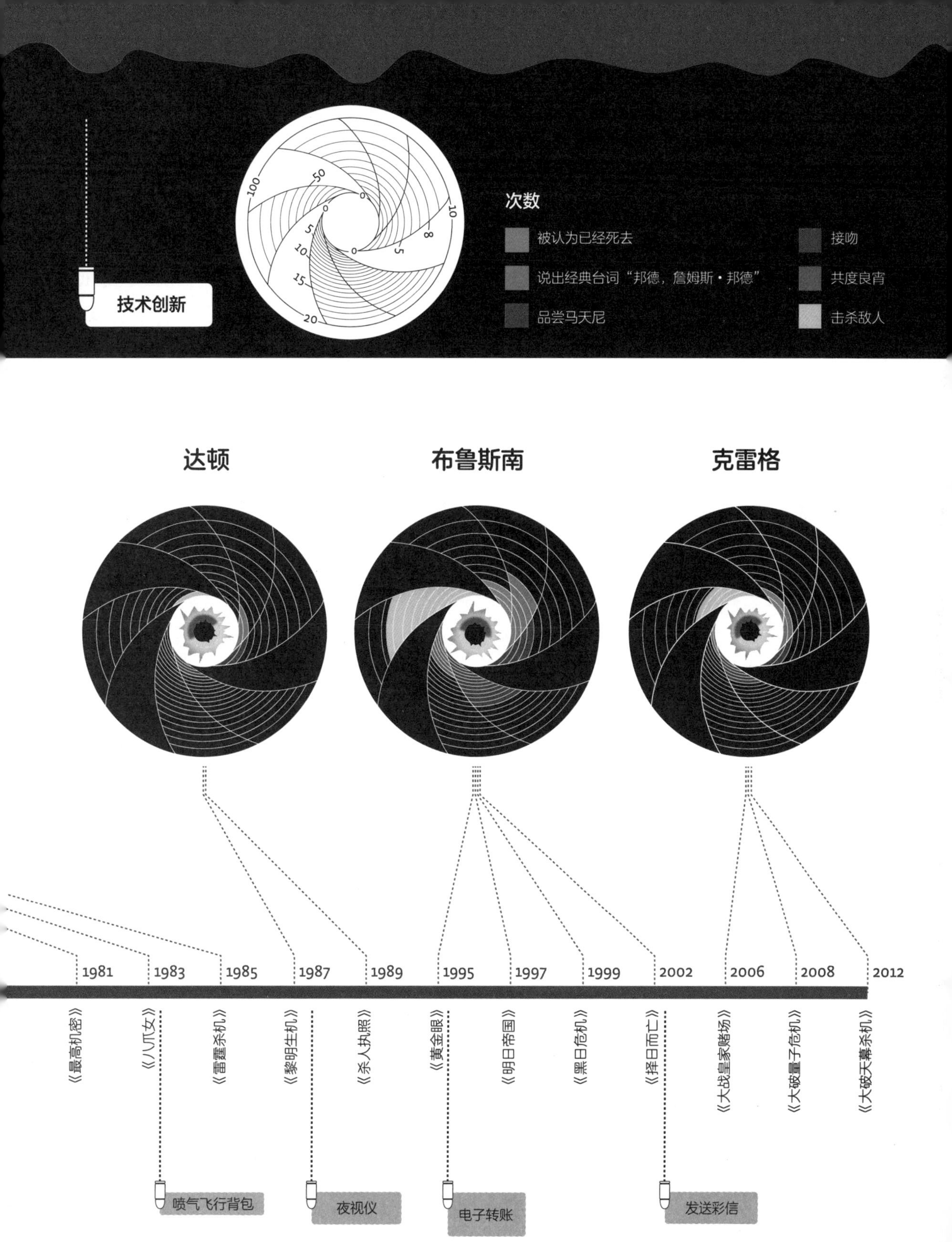

技术创新
次数
被认为已经死去
说出经典台词“邦德，詹姆斯·邦德”
品尝马天尼
接吻
共度良宵
击杀敌人
达顿
布鲁斯南
克雷格
1981
1983
1985
1987
1989
1995
1997
1999
2002
2006
2008
2012
《最高机密》
《八爪女》
《雷霆杀机》
《黎明生机》
《杀人执照》
《黄金眼》
《明日帝国》
《黑日危机》
《择日而亡》
《大战皇家赌场》
《大破量子危机》
《大破天幕杀机》
喷气飞行背包
夜视仪
电子转账
发送彩信

# 蝙蝠侠与票房

参加一部蝙蝠侠电影的制作往往能够使导演或演员的票房吸引力更上一层楼。这里的每一盏蝙蝠探照灯都显示了导演或演员在参与蝙蝠侠电影之后电影的平均票房，以及在此之前平均票房相比发生的变化。

主演
克里斯蒂安·贝尔
+1.38亿美元
《蝙蝠侠：侠影之谜》（2005）、
《蝙蝠侠：黑暗骑士》（2008）、
《蝙蝠侠：黑暗骑士崛起》（2012）
主演
迈克尔·基顿
+3500万美元
《蝙蝠侠》（1989）、
《蝙蝠侠归来》（1992）
主演
乔治·克鲁尼
+3900万美元
《蝙蝠侠与罗宾》（1997）
导演
乔·舒马赫
-800万美元
《永远的蝙蝠侠》（1995）、
《蝙蝠侠与罗宾》（1997）
主演
方·基默
-2400万美元
《永远的蝙蝠侠》（1995）

# 在电影中游览伦敦

这里列举了6部20世纪60年代中期非常成功的电影（及导演、主题曲与其演绎者等信息），以及电影中的伦敦游览路线。

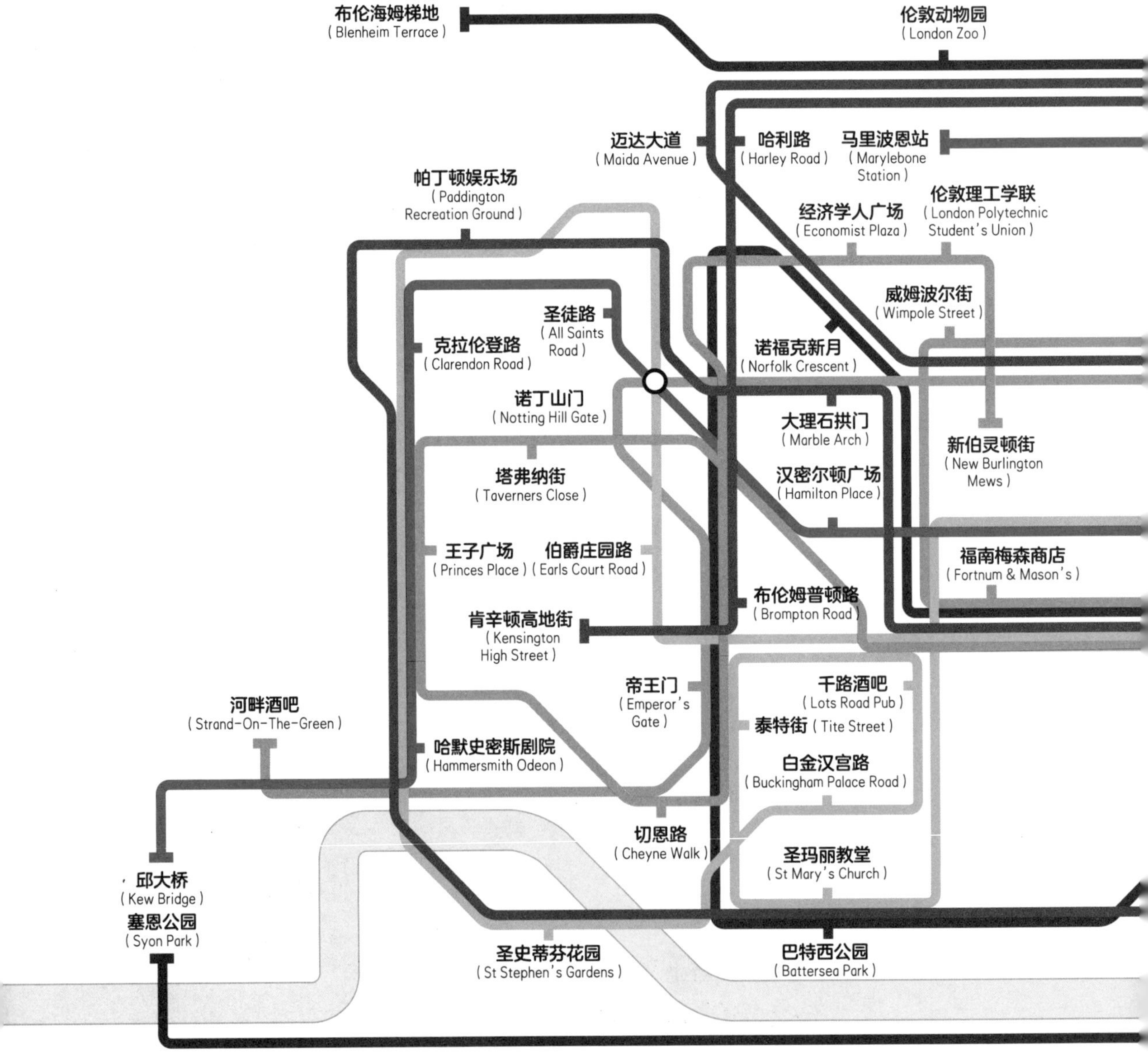

布伦海姆梯地（Blenheim Terrace）
伦敦动物园（London Zoo）
迈达大道（Maida Avenue）
哈利路（Harley Road）
马里波恩站（Marylebone Station）
帕丁顿娱乐场（Paddington Recreation Ground）
经济学人广场（Economist Plaza）
伦敦理工学联（London Polytechnic Student's Union）
威姆波尔街（Wimpole Street）
圣徒路（All Saints Road）
克拉伦登路（Clarendon Road）
诺福克新月（Norfolk Crescent）
诺丁山门（Notting Hill Gate）
大理石拱门（Marble Arch）
新伯灵顿街（New Burlington Mews）
塔弗纳街（Taverners Close）
汉密尔顿广场（Hamilton Place）
王子广场（Princes Place）
伯爵庄园路（Earls Court Road）
福南梅森商店（Fortnum & Mason's）
布伦姆普顿路（Brompton Road）
肯辛顿高地街（Kensington High Street）
帝王门（Emperor's Gate）
千路酒吧（Lots Road Pub）
河畔酒吧（Strand-On-The-Green）
泰特街（Tite Street）
哈默史密斯剧院（Hammersmith Odeon）
白金汉宫路（Buckingham Palace Road）
切恩路（Cheyne Walk）
圣玛丽教堂（St Mary's Church）
邱大桥（Kew Bridge）
塞恩公园（Syon Park）
圣史蒂芬花园（St Stephen's Gardens）
巴特西公园（Battersea Park）

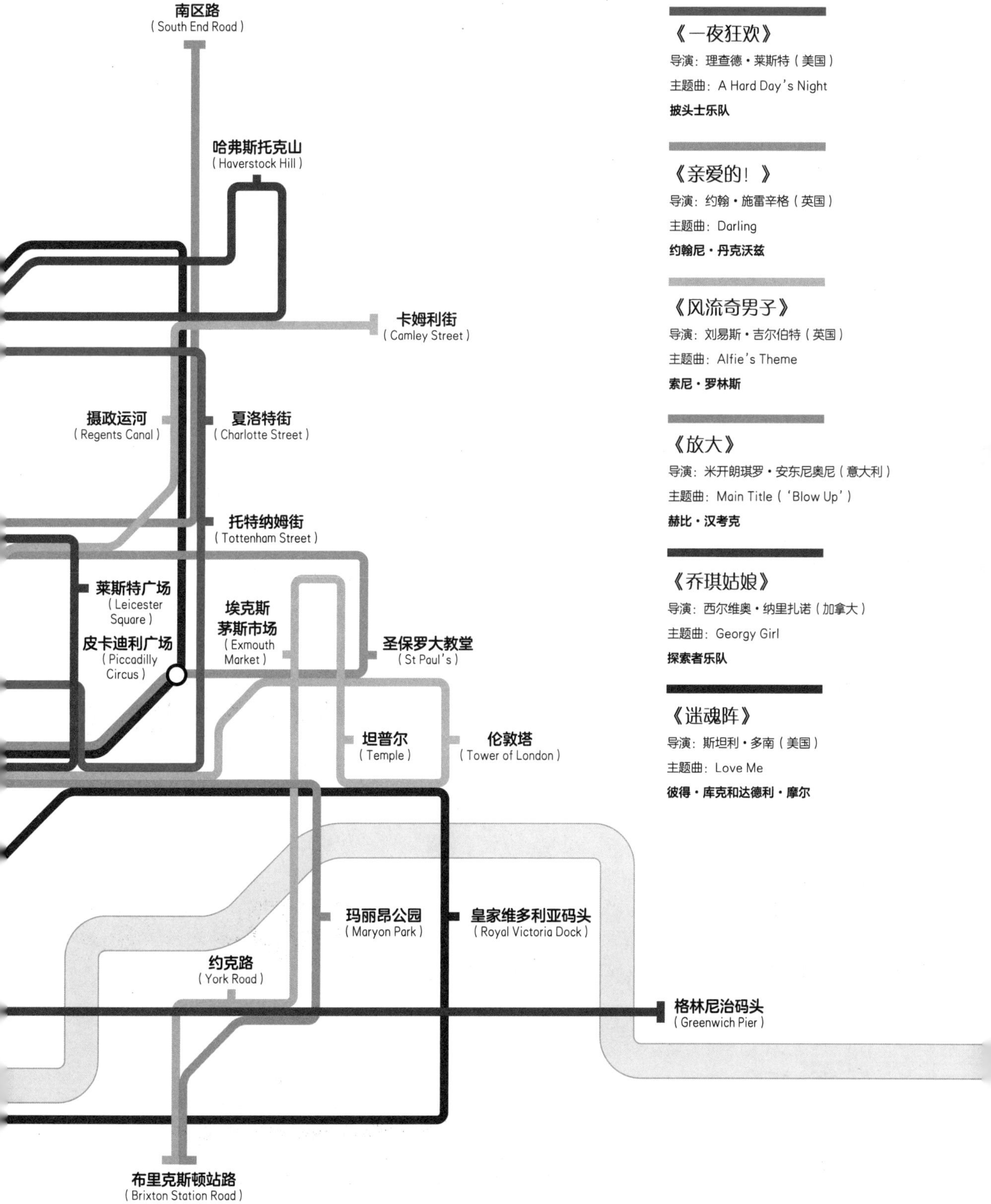


## 《一夜狂欢》

导演：理查德·莱斯特（美国）

主题曲：A Hard Day's Night

**披头士乐队**

## 《亲爱的！》

导演：约翰·施雷辛格（英国）

主题曲：Darling

**约翰尼·丹克沃兹**

## 《风流奇男子》

导演：刘易斯·吉尔伯特（英国）

主题曲：Alfie's Theme

**索尼·罗林斯**

## 《放大》

导演：米开朗琪罗·安东尼奥尼（意大利）

主题曲：Main Title（'Blow Up'）

**赫比·汉考克**

## 《乔琪姑娘》

导演：西尔维奥·纳里扎诺（加拿大）

主题曲：Georgy Girl

**探索者乐队**

## 《迷魂阵》

导演：斯坦利·多南（美国）

主题曲：Love Me

**彼得·库克和达德利·摩尔**

资料来源：IMDb。已获得使用授权。
其他资料来源：british-film-locations网站，movie-locations网站

## 1 《猫鼠游戏》（2002）

雪佛兰 Chevelle

| | | | | | |
|---|---|---|---|---|---|
| 1970 | 7.4l V8 | 454 立方英寸 | 450马力 | 6 秒 | 13.7秒 |

## 2 《极速60秒》（2000）

福特 野马

| | | | | | |
|---|---|---|---|---|---|
| 1968 | 7.0l V8 | 428 立方英寸 | 400马力 | 5.5秒 | 13.7秒 |

## 3 《遗愿清单》（2008）

道奇 挑战者

| | | | | | |
|---|---|---|---|---|---|
| 1974 | 5.9l V8 | 359 立方英寸 | 360马力 | 6.8秒 | 15.2秒 |

## 4 《正义前锋》（2005）

道奇 战马

| | | | | | |
|---|---|---|---|---|---|
| 1974 | 5.2l V8 | 318 立方英寸 | 150马力 | 10.3秒 | 17.9秒 |

## 5 《整编特工》（2010）

庞蒂 亚克火鸟

| | | | | | |
|---|---|---|---|---|---|
| 1979 | 6.6l V8 | 400 立方英寸 | 220马力 | 6.9秒 | 15.8秒 |

## 6 《末路狂花》（1991）

福特 雷鸟

| | | | | | |
|---|---|---|---|---|---|
| 1967 | 6.4l V8 | 390 立方英寸 | 315马力 | 9.1 秒 | 16.6秒 |

图例：

| 出厂年份 | 发动机排量和结构 | 排气量 | 输出功率 | 0~60千米加速用时 | ¼英里加速用时 |
|---|---|---|---|---|---|

100立方英寸约为1.64升，1英里约为1.6

# 逃之夭夭

在美国电影诞生之初（1903年的《汽车中的结婚》），美国汽车就一直伴随着它的成长，其扮演的角色绝不仅仅是片中人物用来追逐和逃离的交通工具，这些汽车甚至有可能成为剧情的核心。有趣的是，票房最成功的电影中出现的车辆并不一定是动力最强劲、速度最快的。

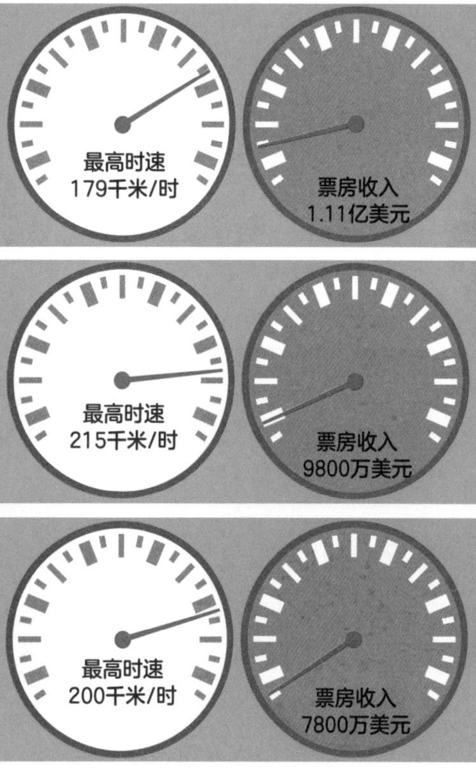


资料来源：Box Office Mojo。已获得使用授权。

# 老少配的银幕经典

一部电影中男女主角悬殊的年龄往往也能够谱写一段老少配的佳话，1946年鲍嘉在《逃亡》一片中与比自己年轻近30岁的女主角劳伦·白考尔搭戏，并且赢得美人的芳心。2011年上映的《不明身份》一片中，连姆·尼森比饰演自己妻子的詹纽瑞·琼斯年长26岁。

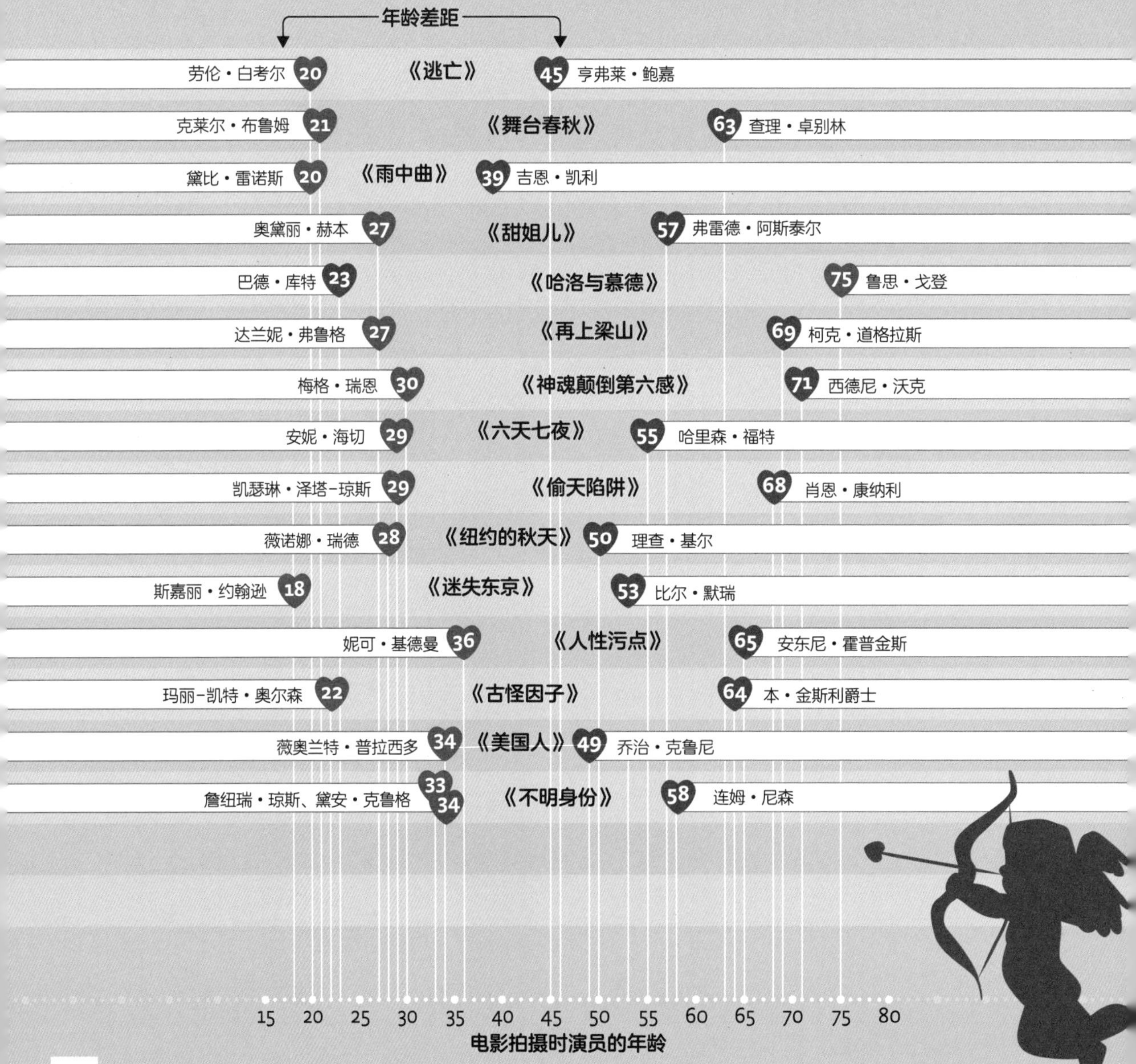

# 都市传说与电影

当原始人类在居住的洞穴岩壁上利用光影娱乐自己的时候，有些传说就已经存在，并被一辈一辈传承下来。这些传说也自然而然地成为电影主要（或者次要）情节的素材。

**血腥玛丽——面朝镜子并呼唤其姓名就可以将鬼魂召唤出来**

《甲壳虫汁》《糖果人》《血腥玛丽》《血腥玛丽的传说》《灵动：鬼影实录3》

**外星人在地球上留下了供我们研究的标志**

《星际之门》（金字塔）、《第五元素》（金字塔）、
《天兆》（麦田怪圈）、
《异形大战铁血战士（2004）》（金字塔）

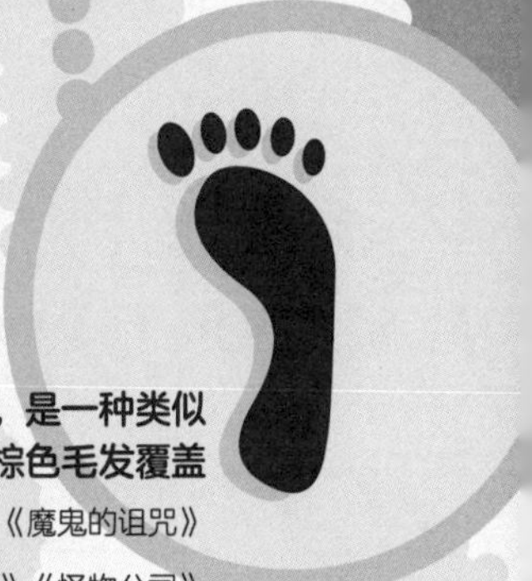

**大脚怪生活在北美山区和林地，是一种类似猿人的大型生物，全身被棕色毛发覆盖**

《大脚怪》《沼泽地传奇》《魔鬼的诅咒》
《大脚哈利》《怪物公司》
《雪人奇缘》《陌生荒漠》

**穿黑色西装的男子声称自己为政府工作，负责调查不明飞行物目击事件，实际上却是外星人，或者至少是外星人混血**

《天外魔花》、《黑衣人》（1997）、
《黑客帝国》（1999）、《黑衣人2》（2002）、
《黑客帝国2：重装上阵》（2003）、
《黑客帝国3：矩阵革命》（2003）、
《黑衣人3》（2012）

**一个把手替换成钩子的疯子袭击一对热恋中的年轻情侣乘坐的车**

《我知道你去年夏天干了什么》
《我仍然知道你去年夏天干了什么》
《情人节杀手》《我一直知道你去年夏天干了什么》

**保姆和楼上的杀手：女性角色受雇照顾孩子的时候接到恐怖电话，而电话来自她所在的这栋房子……**

《惊杀》《黑色圣诞节》《月光光心慌慌》《来电惊魂》
《神秘电话》《惊声尖叫》《邪恶之屋》

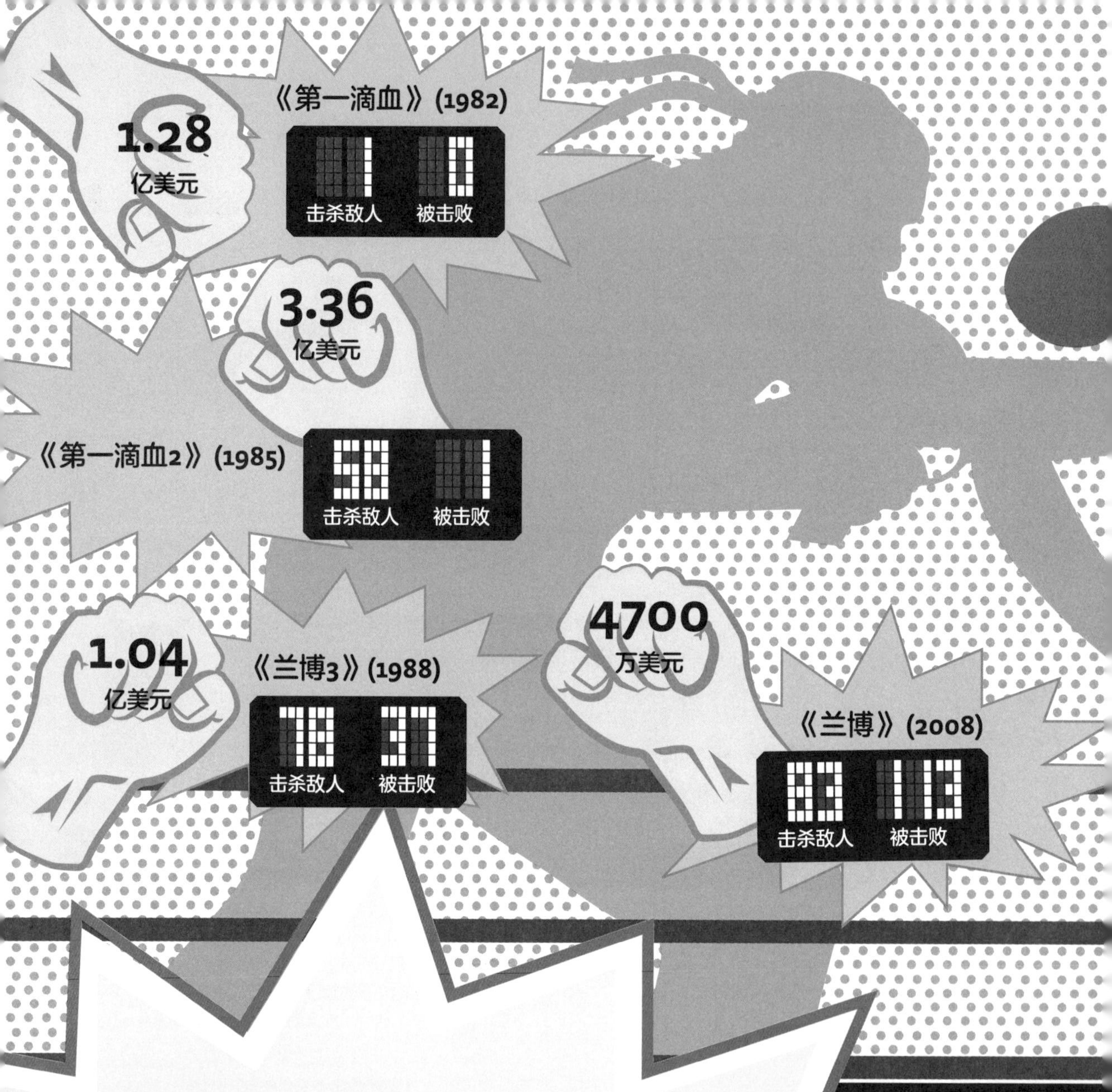


# 洛奇VS兰博

西尔维斯特·史泰龙主演的两个系列的电影均获得了巨大成功，他所扮演的角色——拳击手洛奇·巴尔博亚和越战老兵约翰·兰博——也已经成为电影史上有关复仇的经典标签。如果仅就票房和战果而言，哪一个角色更加成功呢？

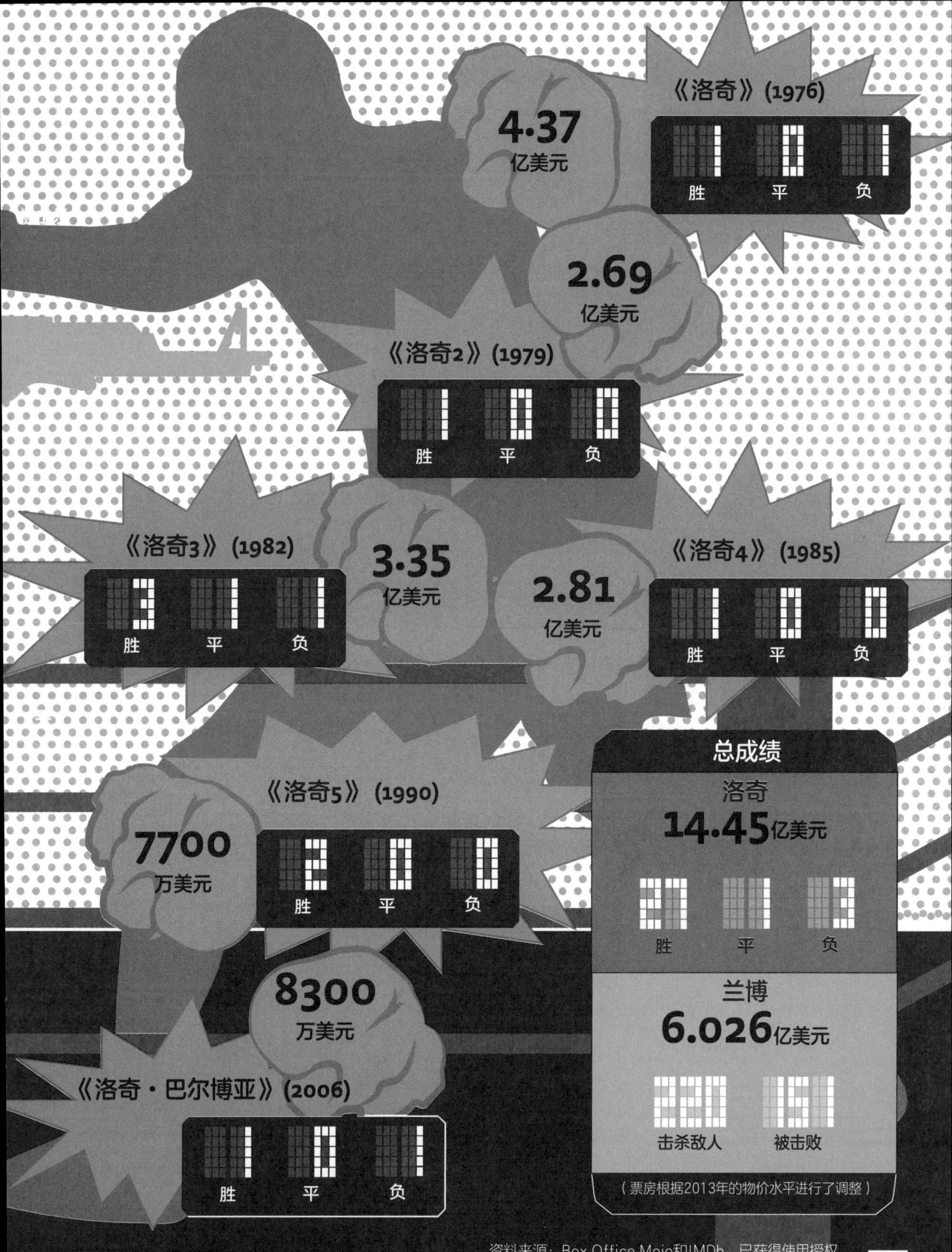


资料来源：Box Office Mojo和IMDb。已获得使用授权。
其他资料来源：俄亥俄州立大学的约翰·穆勒。

# 电影中的猫

电影人往往会选择动物作为符号或隐喻，从而隐晦地向观众传递表面上不那么明显的信息。图中列出了这些信息和相关电影的信息。

**陈腐**

**宾克斯**
《女巫也疯狂》（1993）

**拘禁**

**基蒂**
《玫瑰战争》（1989）

**妥协**

**雪球**
《精灵鼠小弟》（1999）

**年轻女子**

**‘DC’**
《那只讨厌的猫》（1965）
《酷猫妙探》（1997）

**控制**

**金克斯先生**
《拜见岳父大人》（2000）

**独身**

**黑白花色的猫**
《爱情叩应》（1996）

**粗鄙**

**斯特林·普莱斯将军**
《大地惊雷》（1969）

**复仇**

**影子**
《猫影》（1961）

**麻木**

**阿撒佐**
《夺命感应》（1998）

**放任**

**宇宙爬虫**
《飞天万能床》（1971）

**渴望权力**

**布洛菲尔德的白色波斯猫**
007电影（1963—1974）

**阴柔**

**基蒂小姐**
《蝙蝠侠归来》（1992）

# 银幕上的孩子们

**图例**

作为童星最成功的电影

成年后最成功的电影

童星长大之后会从事什么职业呢？有些童星继续在演艺圈中打拼，有些则做出了不同的选择……

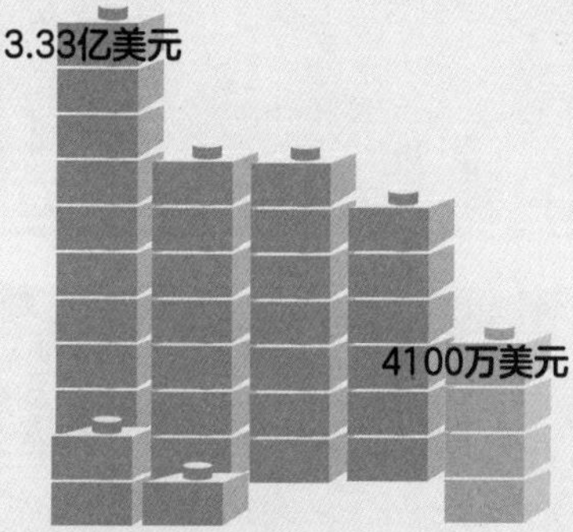


## 关继威

（现为特技指导）

《夺宝奇兵2：魔宫传奇》（1984）

《加利福尼亚人》（1992）

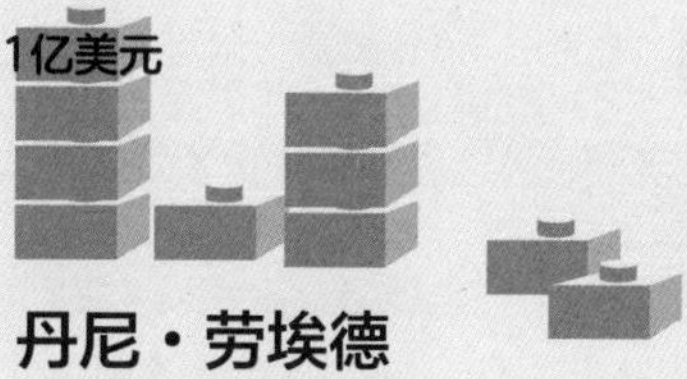


## 丹尼·劳埃德

（现为大学教授）

《闪灵》（1980）

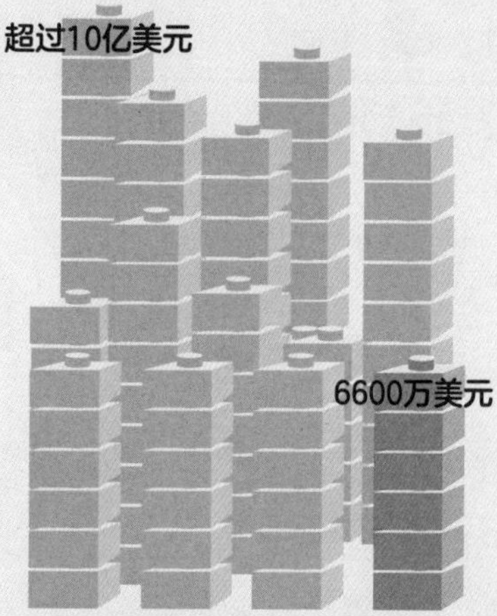


## 克里斯蒂安·贝尔

（现仍为演员）

《太阳帝国》（1987）

《蝙蝠侠：黑暗骑士崛起》（2012）

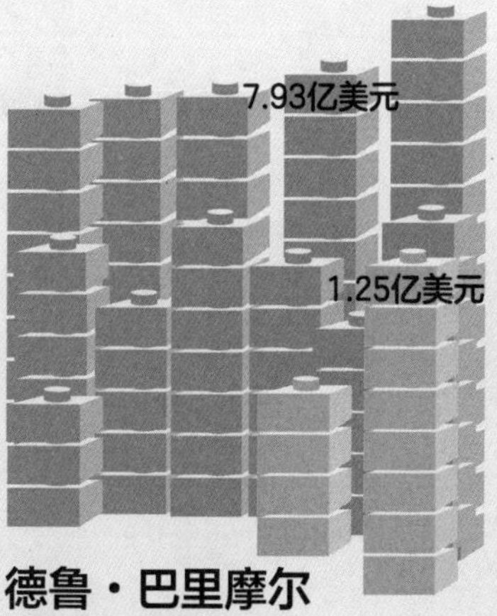


## 德鲁·巴里摩尔

（现仍为演员）

《外星人E. T. 》（1982）

《霹雳娇娃》（2000）

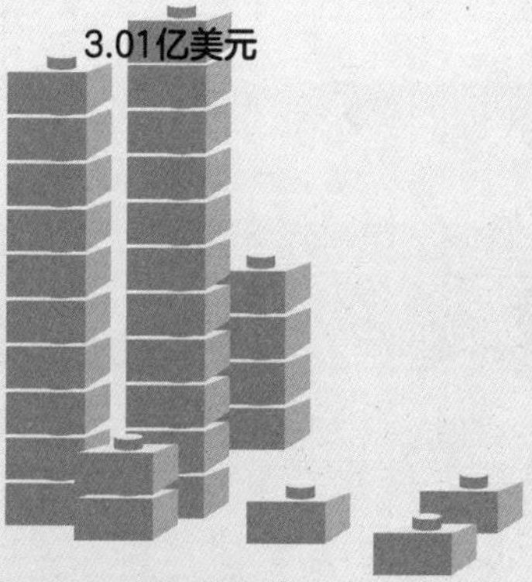


## 贾森·费舍尔

（现为扑克牌玩家）

《铁钩船长》（1991）

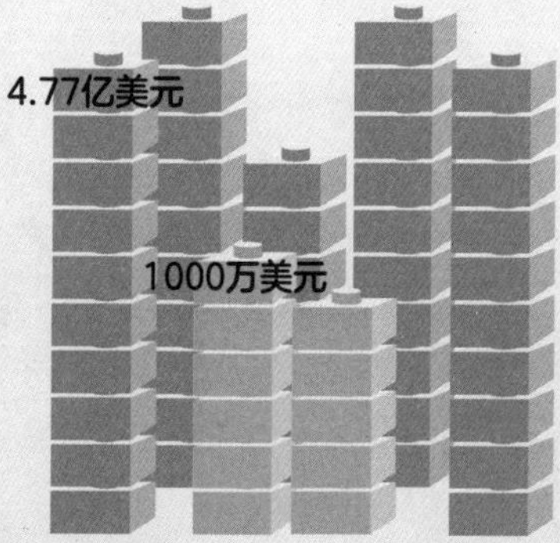


## 麦考利·卡尔金

（现仍为演员）

《小鬼当家》（1990）

《高校六甲生》.（2004）

资料来源：Box Office Mojo和IMDb。已获得使用授权。

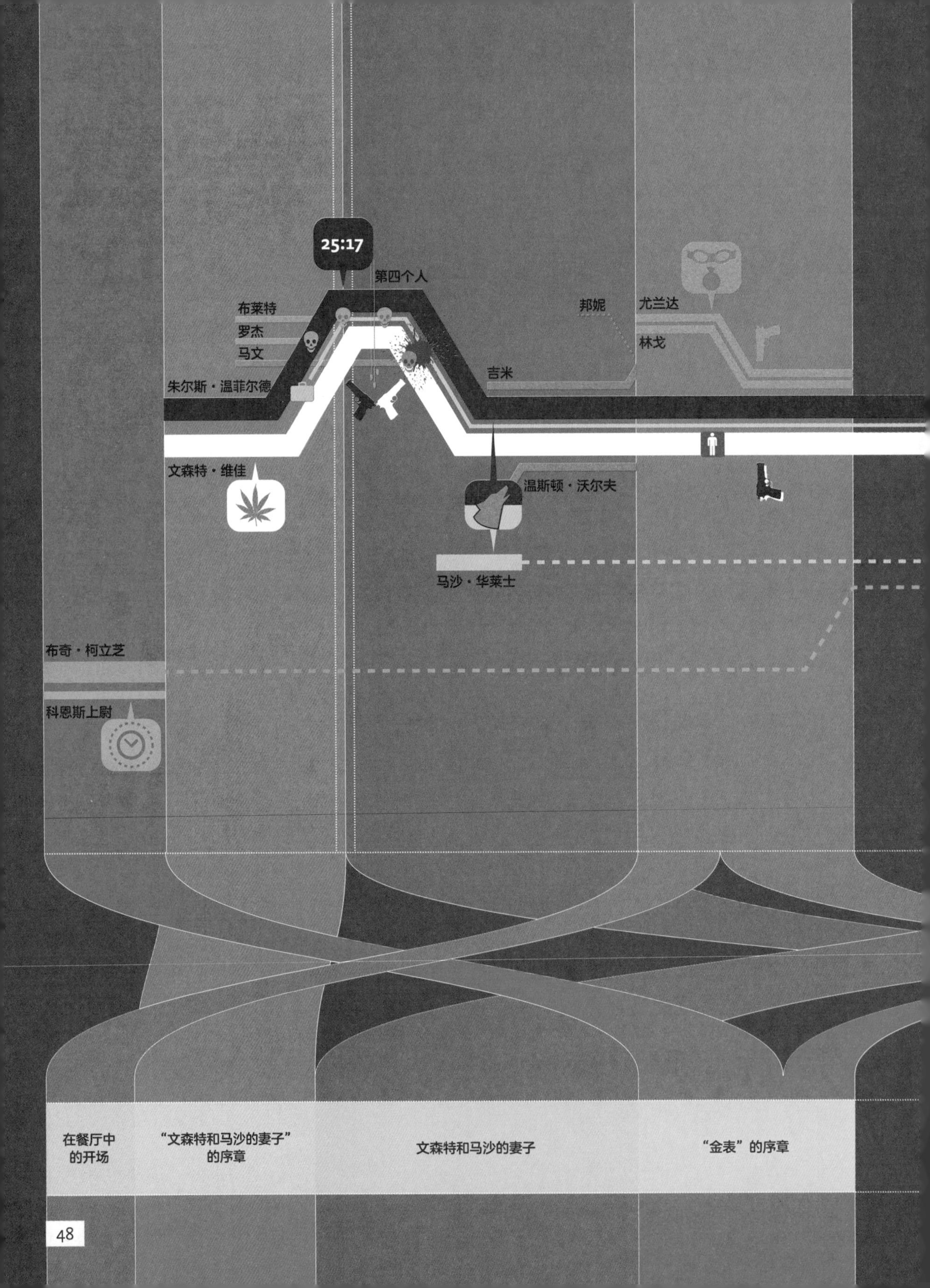
25:17
第四个人
布莱特
罗杰
马文
朱尔斯·温菲尔德
邦妮
尤兰达
林戈
吉米
文森特·维佳
温斯顿·沃尔夫
马沙·华莱士
布奇·柯立芝
科恩斯上尉
在餐厅中的开场
“文森特和马沙的妻子”的序章
文森特和马沙的妻子
“金表”的序章

# 如何“阅读”《低俗小说》？

这里按正常时间顺序对《低俗小说》这部电影中出现的人物和发生的事件进行了梳理，同时展示了人物和事件相互交织的关系，底部则显示了电影的（剪辑）顺序。

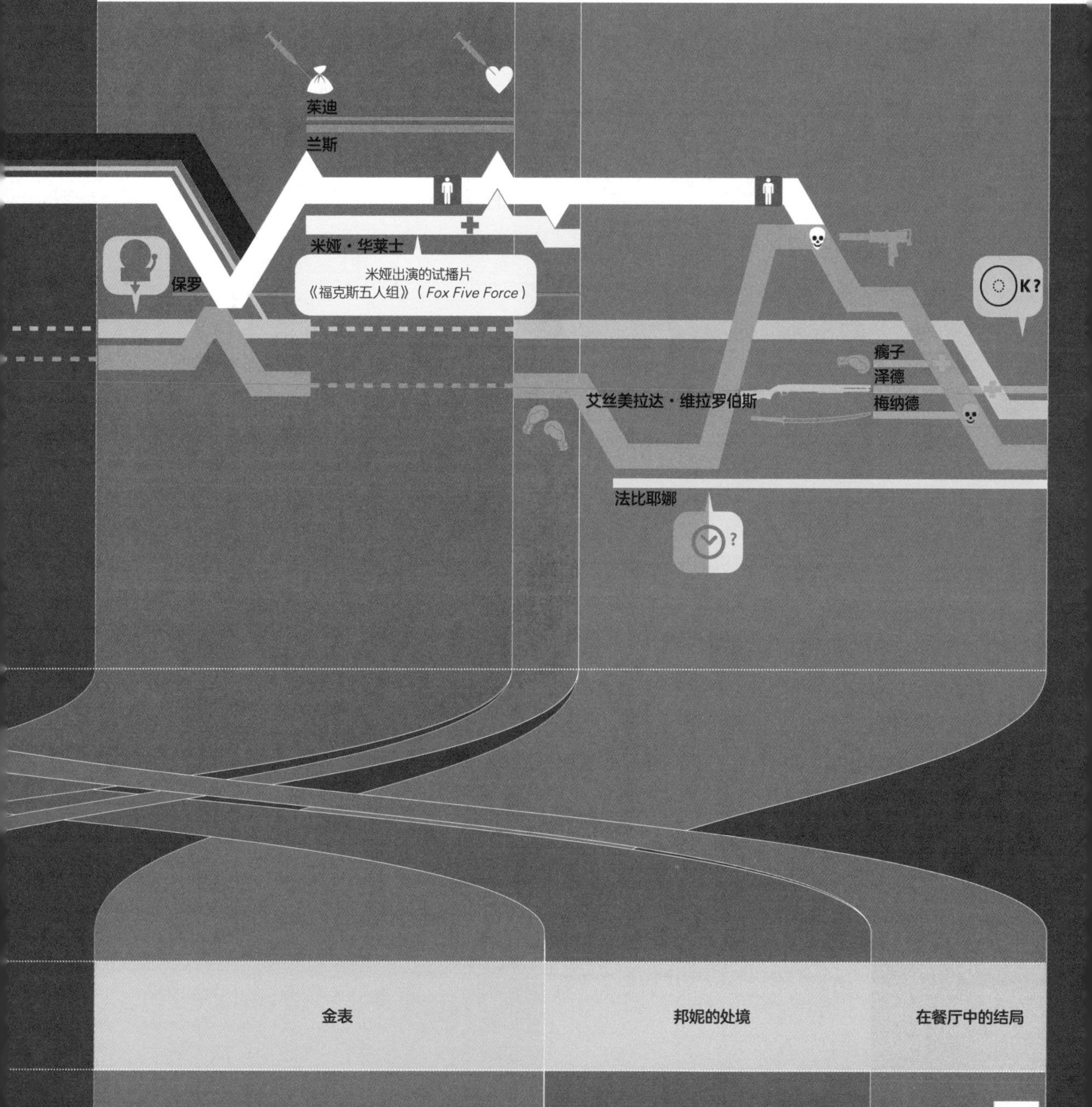

# 虽败犹荣的经典

有些口碑更好的影片本应赢得当年的奥斯卡最佳影片奖，但却未能如愿，这里我们列举了其中一些及当年实际获奖的影片。

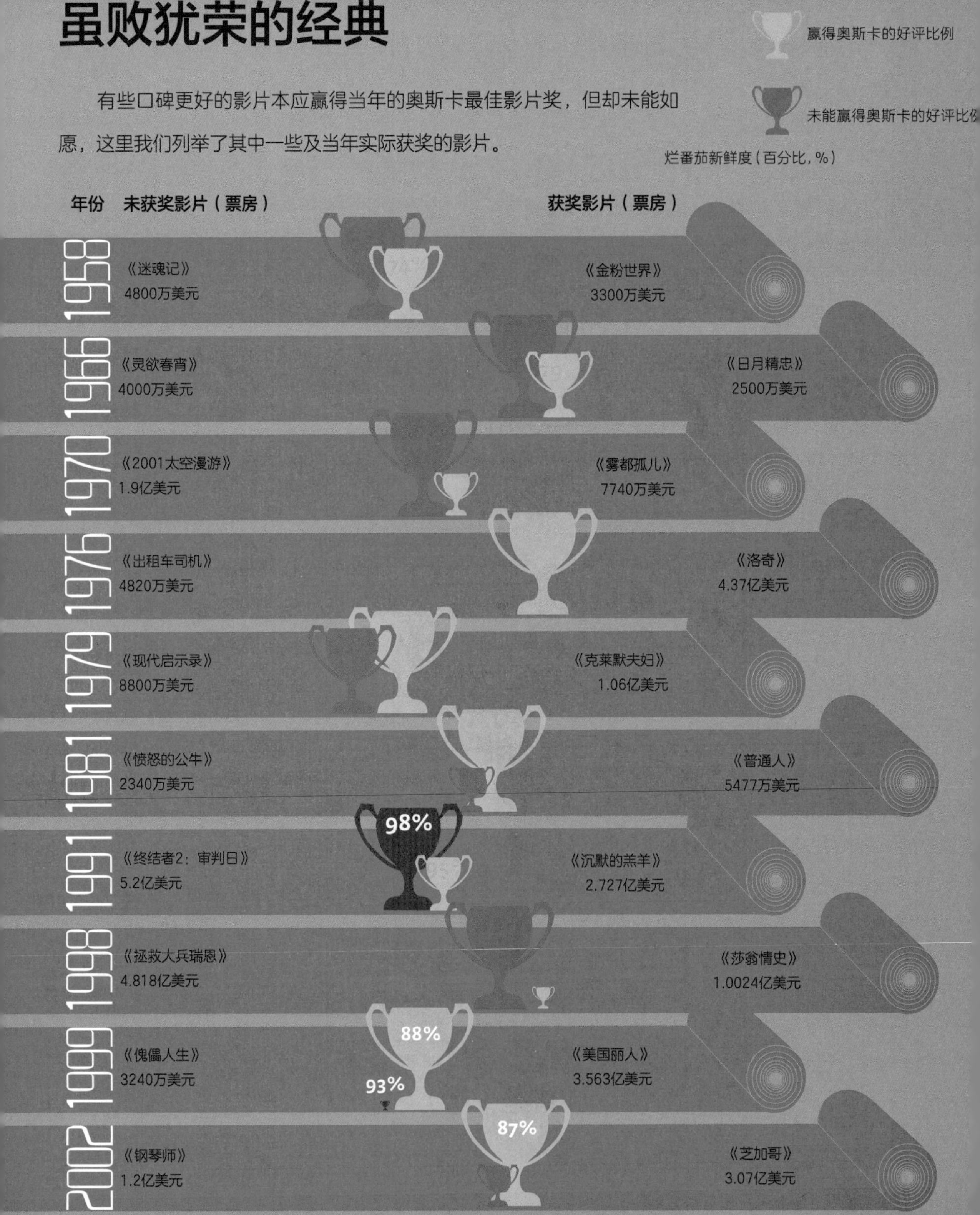


| 年份 | 未获奖影片（票房） | 获奖影片（票房） |
| --- | --- | --- |
| 1958 | 《迷魂记》4800万美元 | 《金粉世界》3300万美元 |
| 1966 | 《灵欲春宵》4000万美元 | 《日月精忠》2500万美元 |
| 1970 | 《2001太空漫游》1.9亿美元 | 《雾都孤儿》7740万美元 |
| 1976 | 《出租车司机》4820万美元 | 《洛奇》4.37亿美元 |
| 1979 | 《现代启示录》8800万美元 | 《克莱默夫妇》1.06亿美元 |
| 1981 | 《愤怒的公牛》2340万美元 | 《普通人》5477万美元 |
| 1991 | 《终结者2：审判日》5.2亿美元 | 《沉默的羔羊》2.727亿美元 |
| 1998 | 《拯救大兵瑞恩》4.818亿美元 | 《莎翁情史》1.0024亿美元 |
| 1999 | 《傀儡人生》3240万美元 | 《美国丽人》3.563亿美元 |
| 2002 | 《钢琴师》1.2亿美元 | 《芝加哥》3.07亿美元 |

资料来源：IMDb。已获得使用授权。

# 获得满分的失败者

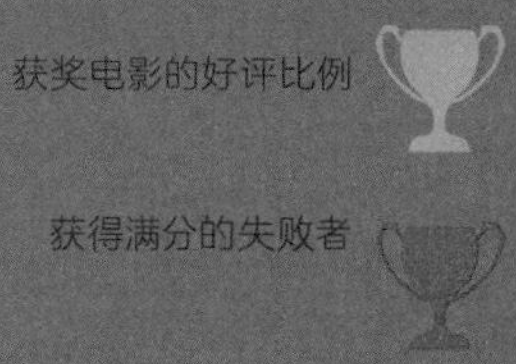


有十部在烂番茄网站上获得100%新鲜度评分的影片被评分相对较低的影片击败，未能摘得当年的奥斯卡最佳影片奖。

资料来源：烂番茄网站

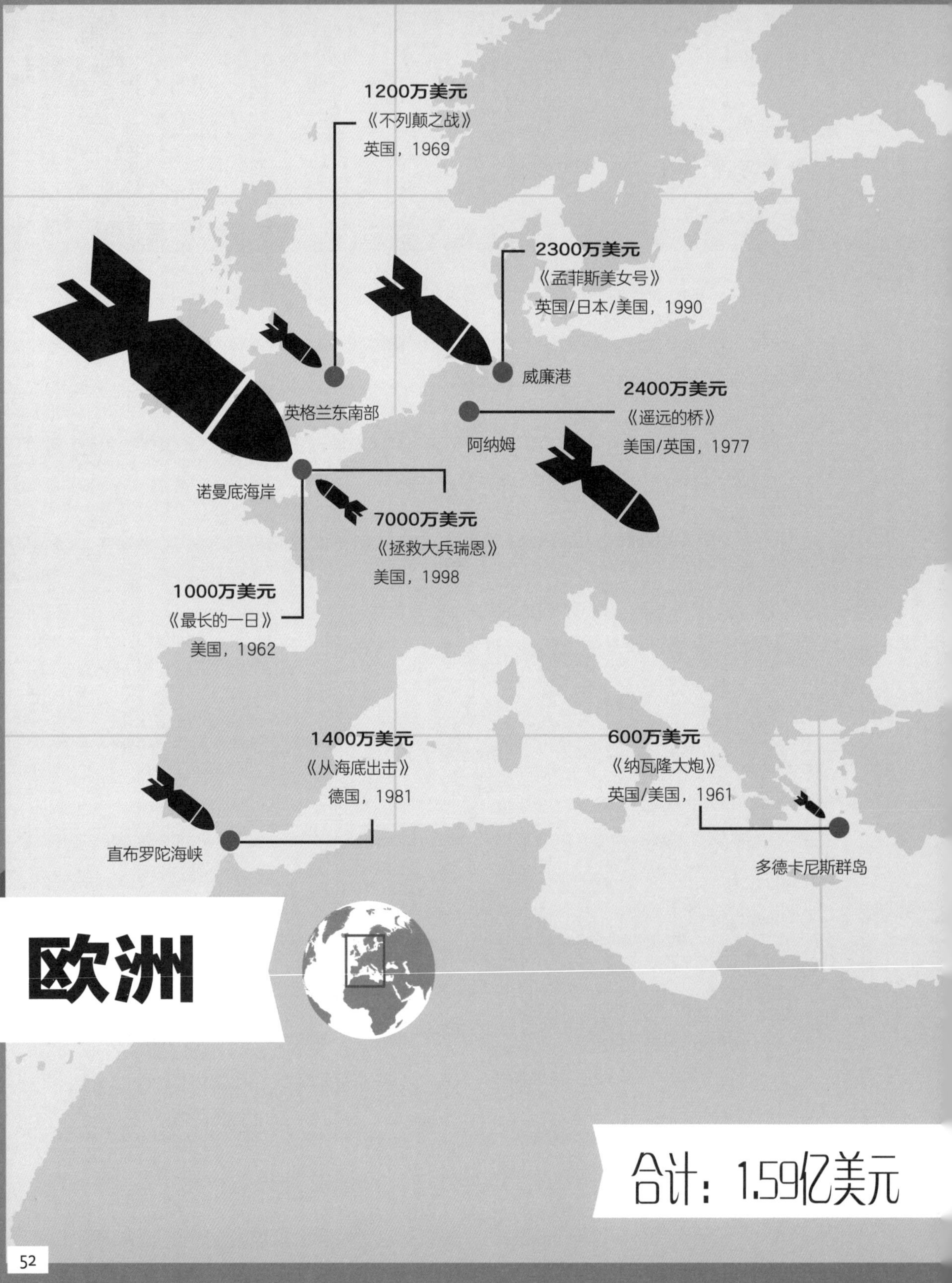
1200万美元
《不列颠之战》
英国，1969
英格兰东南部
2300万美元
《孟菲斯美女号》
英国/日本/美国，1990
威廉港
2400万美元
《遥远的桥》
美国/英国，1977
阿纳姆
诺曼底海岸
7000万美元
《拯救大兵瑞恩》
美国，1998
1000万美元
《最长的一日》
美国，1962
1400万美元
《从海底出击》
德国，1981
直布罗陀海峡
600万美元
《纳瓦隆大炮》
英国/美国，1961
多德卡尼斯群岛
欧洲
合计：1.59亿美元

# 第二次世界大战（电影）的代价

在过去的几十年里，第二次世界大战中的战役已经成为大制作电影常常涉足的题材。有趣的是，正如在战争中实际发生的那样，美国电影在亚太“战场”上花费的预算大大高于欧洲。图中的金额显示的是各所属电影的制作成本。

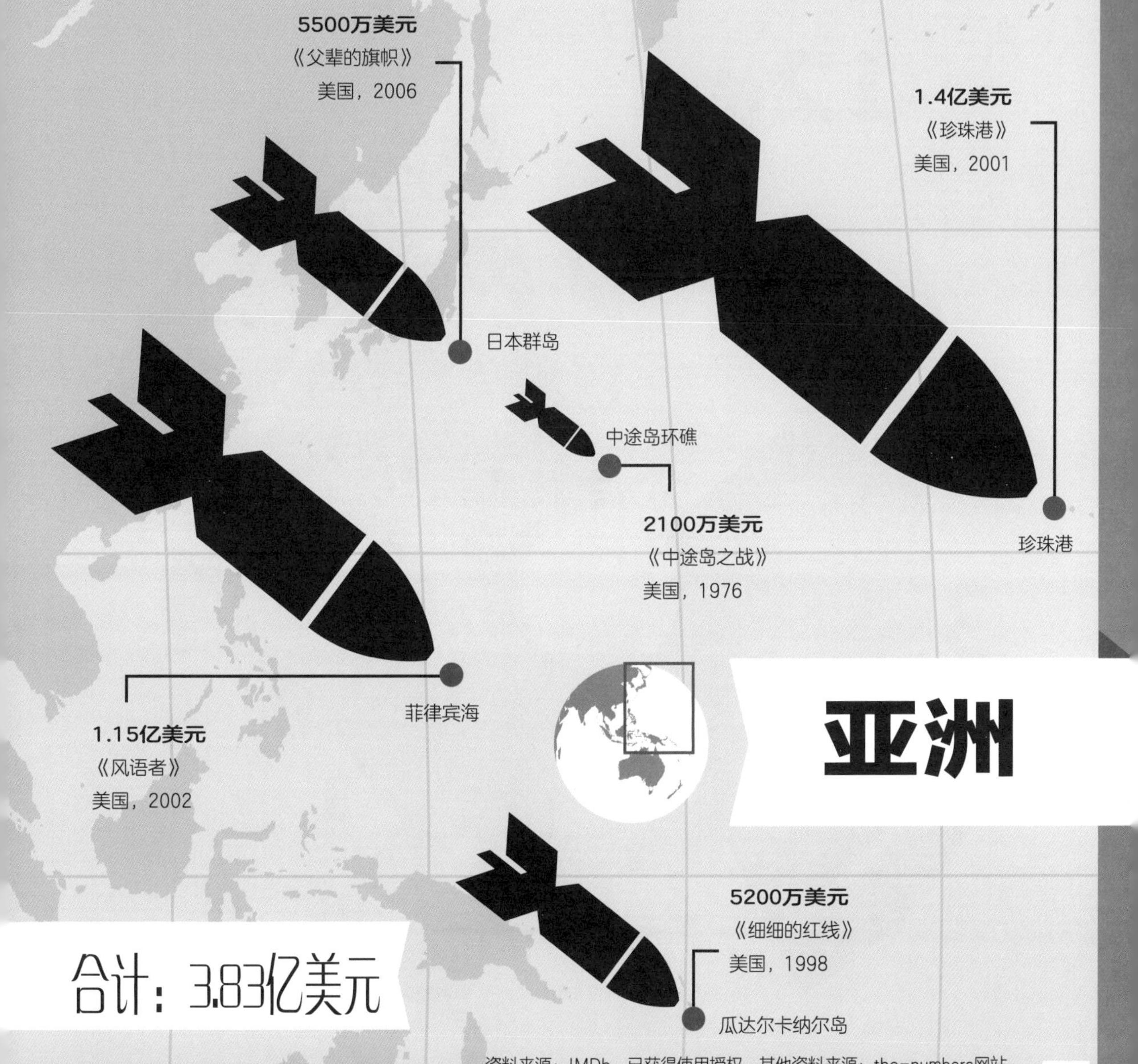


资料来源：IMDb。已获得使用授权。其他资料来源：the-numbers网站。

# 阿尔弗雷德·希区柯克出品

大师希区柯克会与自己喜欢的演员保持非常长久的合作关系。他的御用黄金配角克莱尔·格瑞特（1872—1939）和里奥·G. 卡罗尔（1892—1972）虽然从未一起出现在希区柯克的同一部电影中，但从1929年（《谋杀！》，格瑞特参演）到1959年（《西北偏北》，卡罗尔参演），两人先后参演了希区柯克的不少传世佳作。

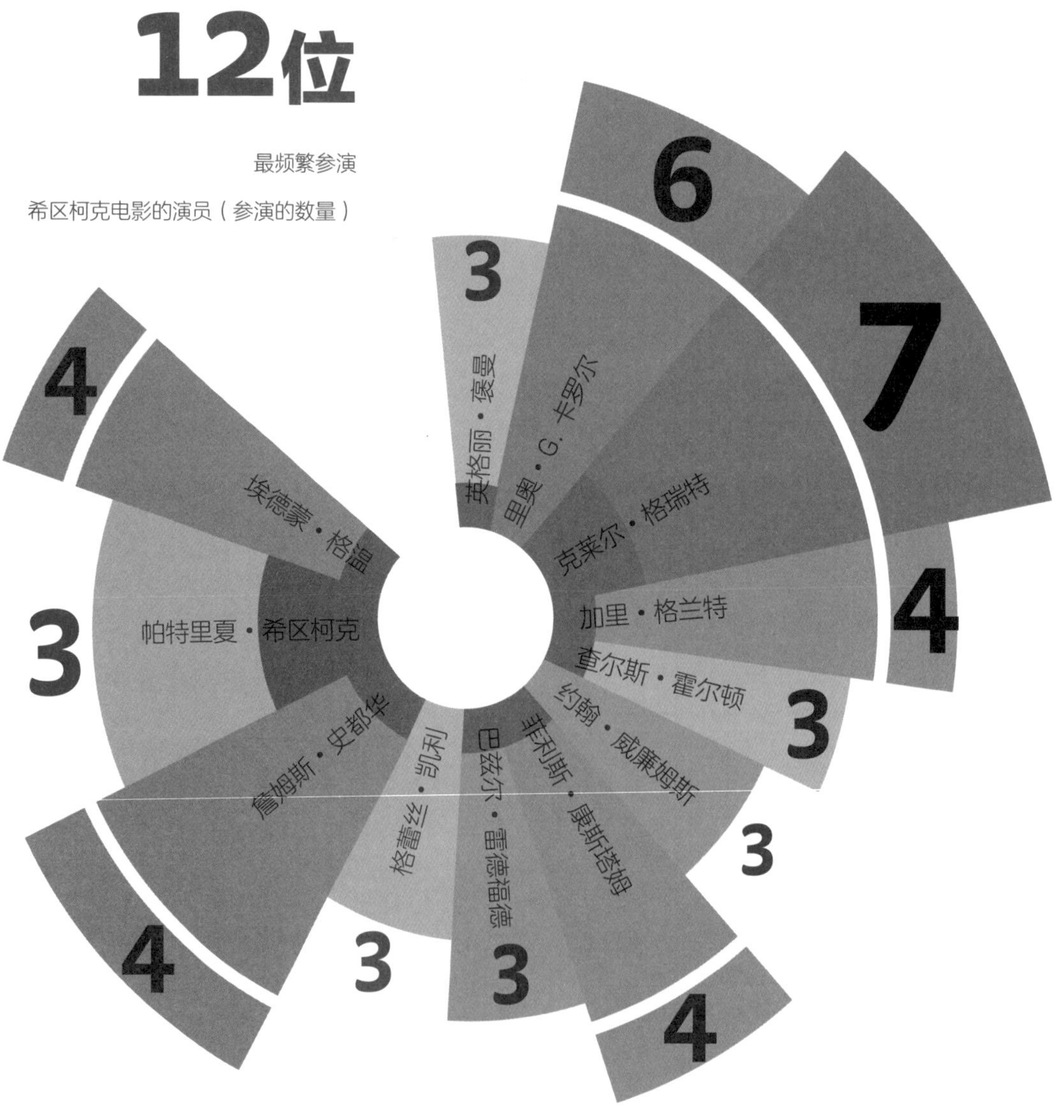

# 预测未来

科幻电影往往会对未来世界的模样及未来人类的生活方式进行预测。这里我们列出了一系列技术和设备，它们在科幻电影中的出场时间远远早于真正问世的时间。

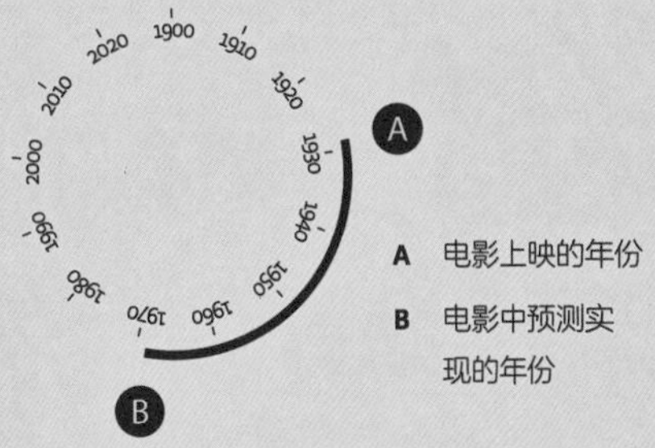


## 喷气飞行背包

1939年，一部背景设定在2440年的美国影片《25世纪宇宙战争》中已经出现了喷气飞行背包，但能够投入实际应用的喷气背包到1961年才问世。

## 小型耳机

1966年，背景设定在24世纪的《华氏451度》中出现了小型耳机，但现实中的小型耳机出现于1995年。

## 全身扫描仪

1990年，美国电影《宇宙威龙》中出现了利用全身扫描进行安全检查的情节，现实中的全身扫描仪直到2007年才在阿姆斯特朗国际机场首次投入使用。

## 移动电话

1984年，美国电影《星际迷航3：石破天惊》中的人物开始使用便携式的个人手持通信设备，1966年播出的同名剧集（背景设定在2200年以后）中也出现了类似的设备；现实中的移动电话在20世纪90年代末才开始广泛投入使用。

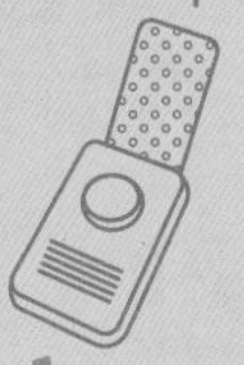

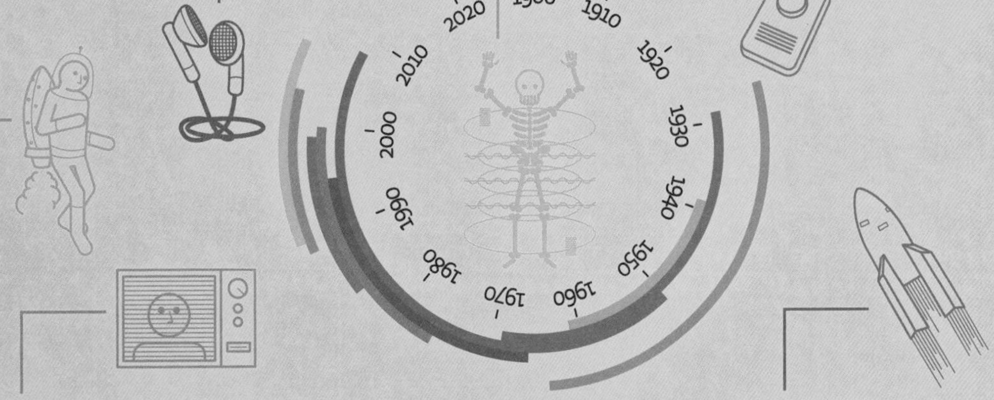


## 可视电话

1927年，背景设定在2026年的德国电影《大都会》中预测了可视电话的使用；1964年，贝尔电话公司展示了第一部可供公众使用的可视电话。

1989年，美国电影《回到未来2》讲述了2015年的故事，其中出现了在液晶电视屏幕上进行视频对话的情节；而Skype直到2003年才正式进入市场。

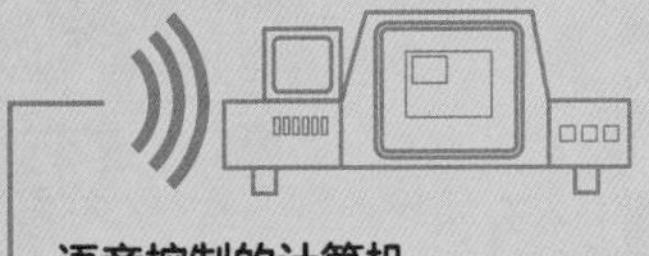

## 语音控制的计算机

1976年，英国影片《银河系漫游指南》中出现了用语音控制的计算机（1982年美国电影《银翼杀手》中也有类似的情节），现实中的第一套语音控制系统出现在2000年以后。

## 商业太空旅行

1929年，德国电影《月里嫦娥》预测了搭乘使用液体燃料的多级火箭前往月球的旅行，电影中还出现了发射火箭时的倒计时情节。1969年，人类首次登上月球，交通工具正是使用液体燃料的三级火箭。

1950年，美国电影《登陆月球》中提到了个人对月球的投资和商业火箭发射任务。2011年，维珍公司宣布开始商业太空旅行业务。

# 家中潜藏的致命危机

在每个家庭中，许多日常用品都可能成为（或者已经成为）电影中用来夺取性命的东西（及其在哪部电影中出现与上映年份）。

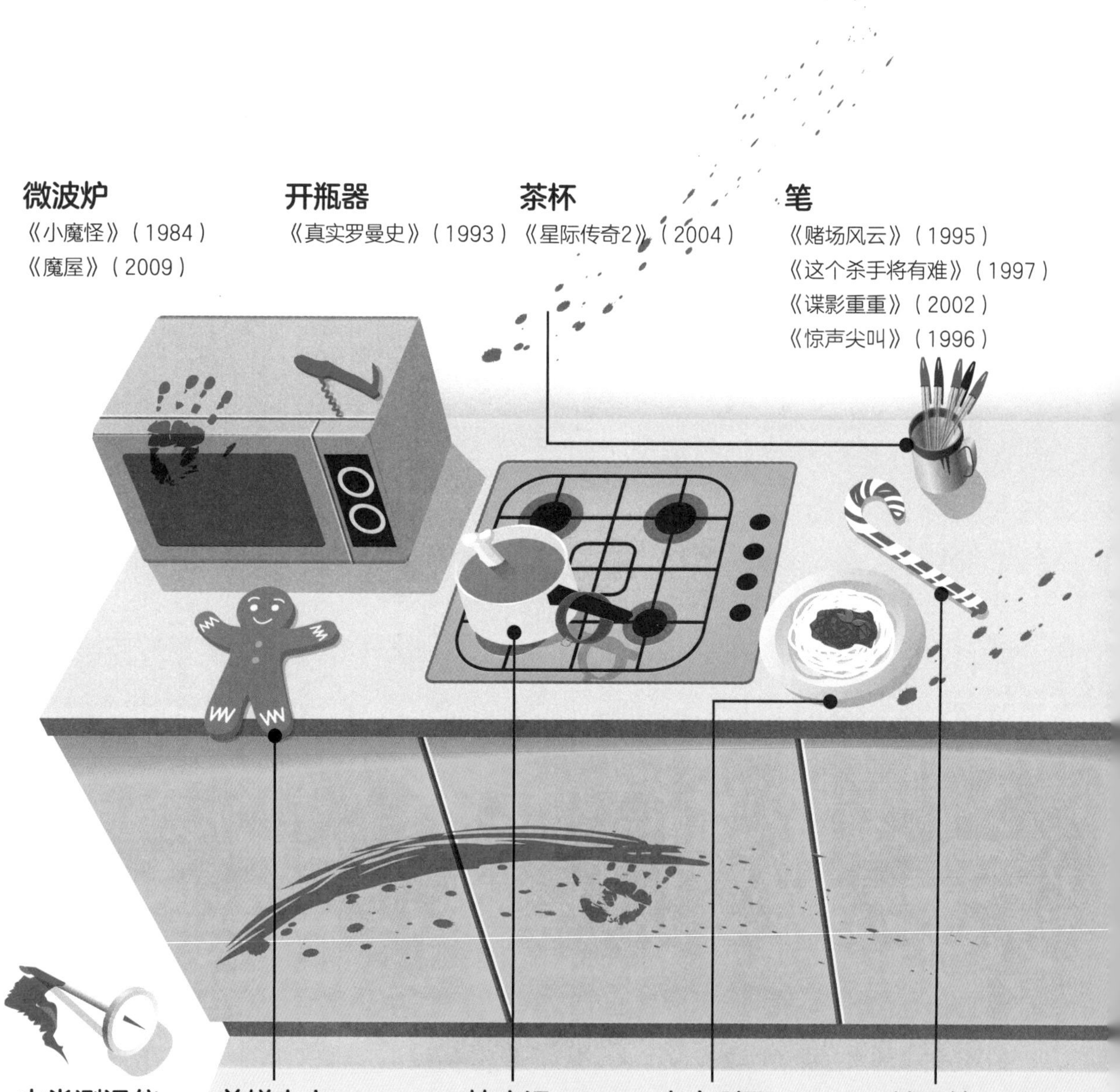

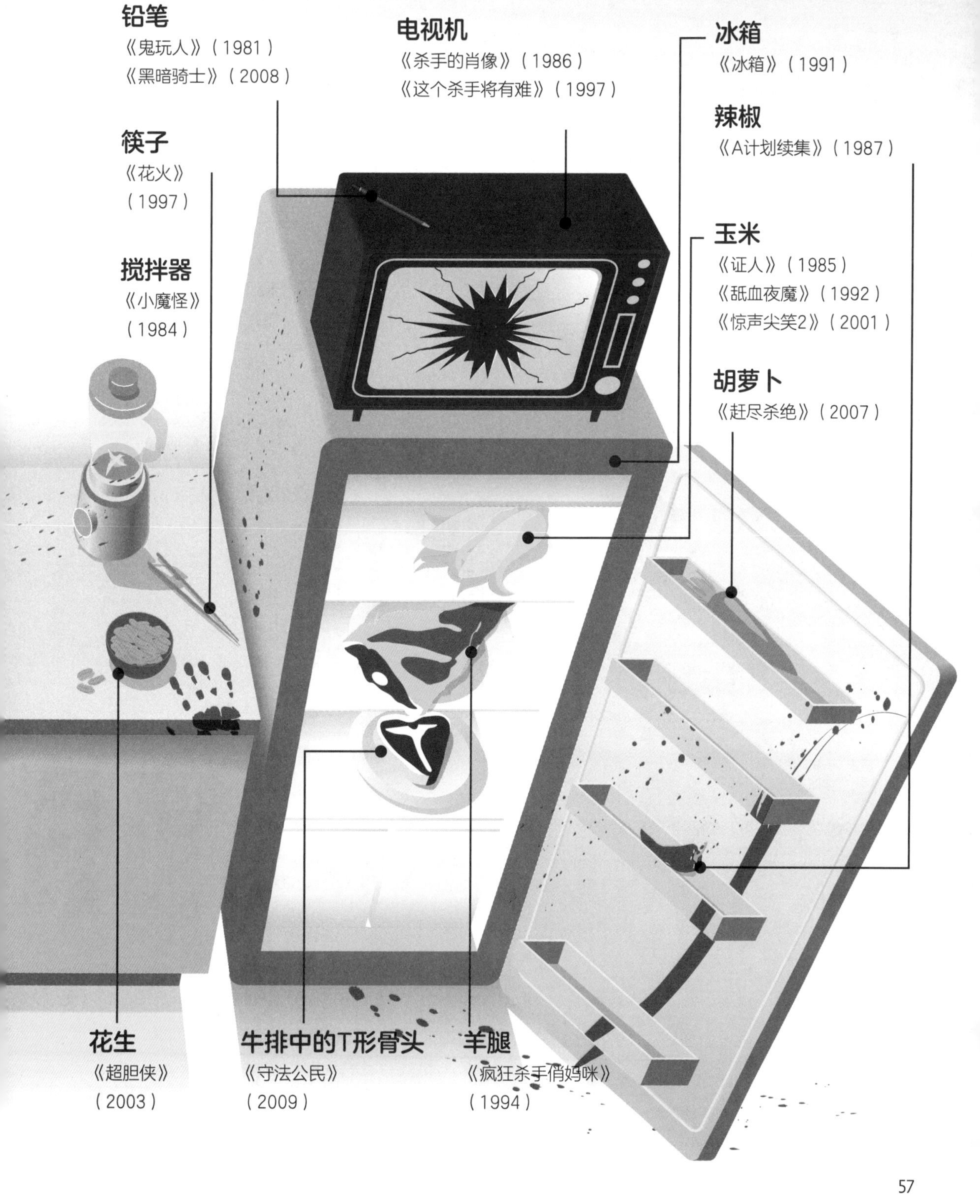
铅笔
《鬼玩人》（1981）
《黑暗骑士》（2008）
电视机
《杀手的肖像》（1986）
《这个杀手将有难》（1997）
冰箱
《冰箱》（1991）
辣椒
《A计划续集》（1987）
筷子
《花火》
（1997）
搅拌器
《小魔怪》
（1984）
玉米
《证人》（1985）
《舐血夜魔》（1992）
《惊声尖笑2》（2001）
胡萝卜
《赶尽杀绝》（2007）
花生
《超胆侠》
（2003）
牛排中的T形骨头
《守法公民》
（2009）
羊腿
《疯狂杀手俏妈咪》
（1994）

# 贾德·阿帕图的配方

2007年，《四十岁的老处男》《一夜大肚》大获成功后，《娱乐周刊》将这两部影片的导演、编剧和制作人贾德·阿帕图提名为好莱坞最聪明的人。他是否已经在制作电影这条道路上找到了以不变应万变的万能配方了呢？图中示出了其几部电影的配方及票房等信息。

- ● 男主角：单身、书呆子、正直、缺乏安全感
- ■ 男主角：单身、瘾君子、缺乏安全感
- ▲ 女主角：聪慧、自制力强、母亲
- ⬢ 男二号：循规蹈矩、酗酒、已婚/处于恋爱关系中
- ★ 男性反派：令人厌恶

| 电影名称（上映年份） | 配方 | 票房 |
|---|---|---|
| 《阿达球迷闹篮坛》（1996） | ■ + ★ = | 900万美元 |
| 《魔鬼特训营》（1995） | ● + ★ = | 1800万美元 |
| 《永不止步：戴维·寇克斯的故事》（2007） | ■ = | 1800万美元 |
| 《滑稽人物》（2009） | ● + ▲ + ⬢ + ★ = | 5200万美元 |
| 《四十而惑》（2012） | ■ + ▲ + ⬢ + ★ = | 6500万美元 |
| 《四十岁的老处男》（2005） | ● + ▲ + ⬢ = | 1.09亿美元 |
| 《新抢钱夫妻》（2005） | ● + ▲ + ★ = | 1.1亿美元 |
| 《一夜大肚》（2007） | ■ + ▲ + ⬢ = | 1.49亿美元 |

**根据各部影片的票房成绩综合计算，“贾德·阿帕图电影配方”的各个组成部分的比例分别是**

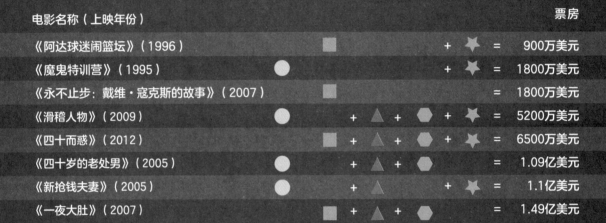

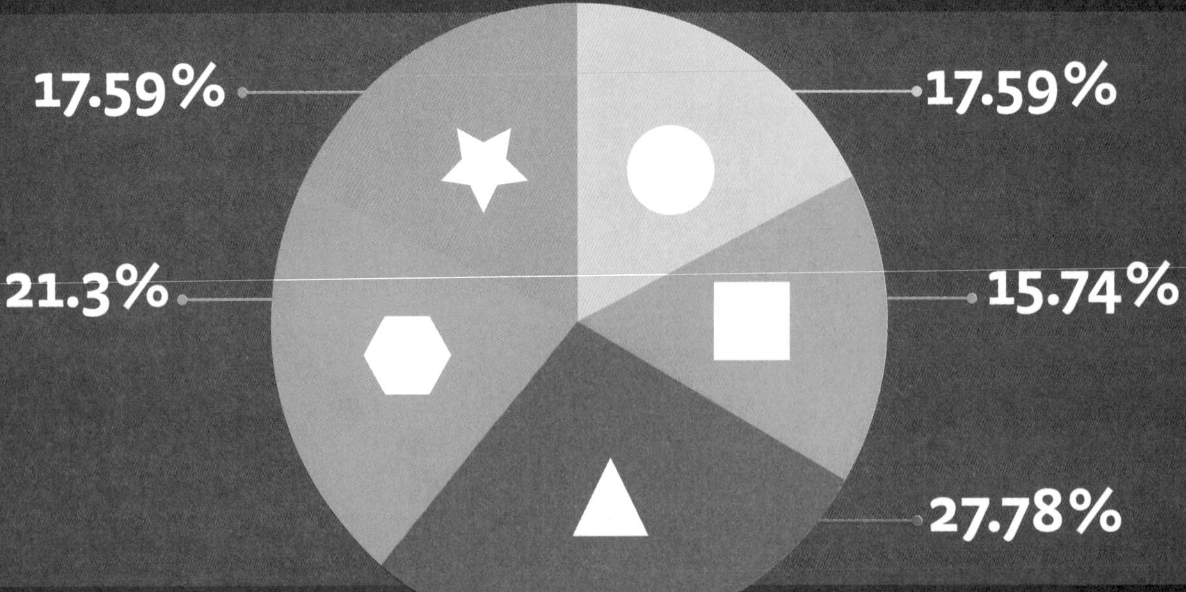




资料来源：Box Office Mojo。已获得使用授权。

# 恶魔的装扮

电影中撒旦（恶魔的称谓）这一角色大多是如何穿着的呢？图中列出几部出现撒旦角色的影片相关信息，包含扮演撒旦的演员姓名、影片中的装扮、出自影片及上映年份等。

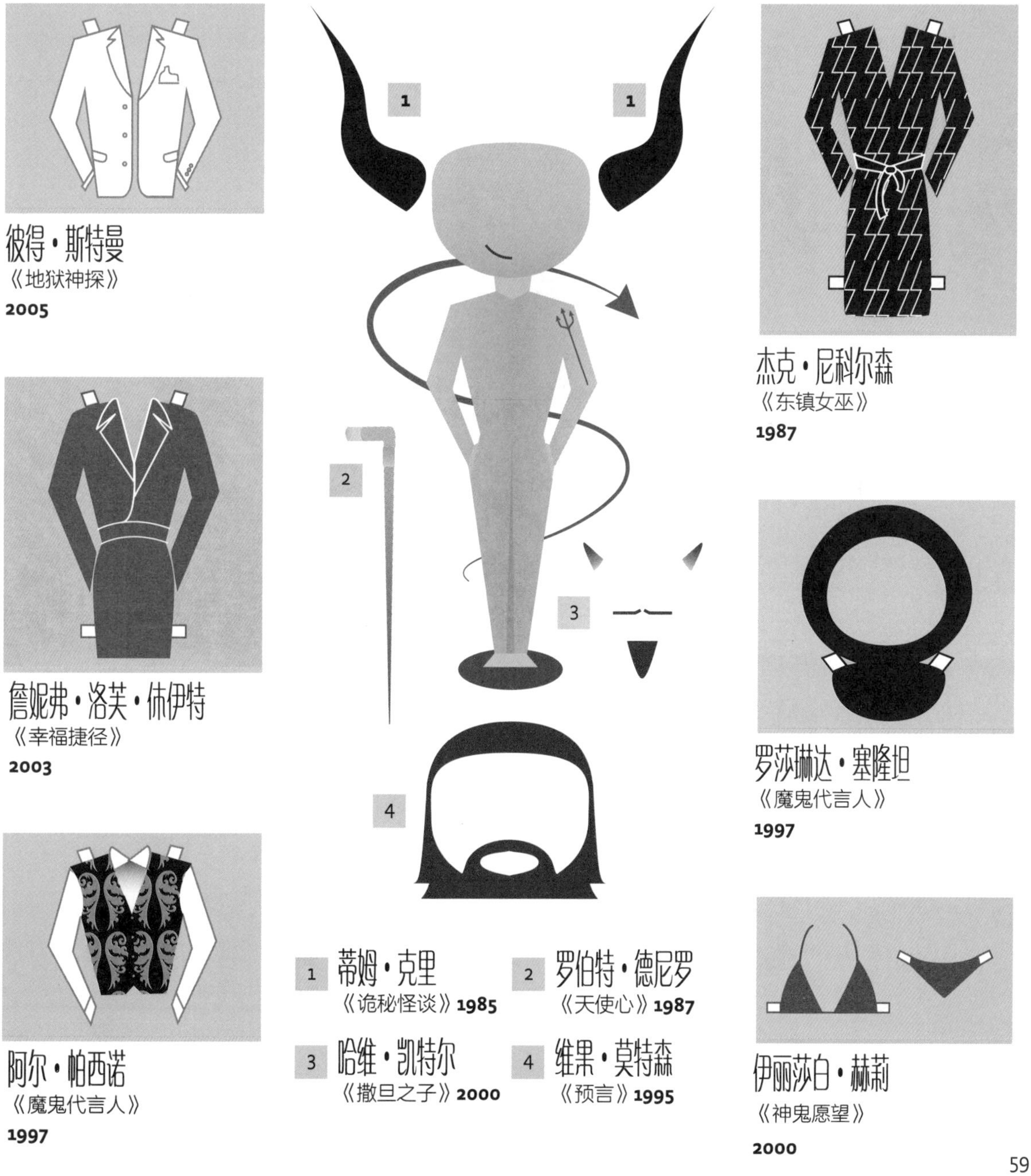

# 反派的世界

在8部好莱坞超高票房的系列惊悚电影中扮演反派的演员，只有五分之一出生在美国，有一半来自英国，下图显示了其中的复杂关系。

**AC** 迈克尔·温科特，饰演加里·索尼耶；**B** 约瑟夫·怀斯曼，饰演诺博士；**BO** 尼基·诺代，饰演卡斯特尔；**X** 泰勒·梅恩，饰演剑齿虎

**AC** 马修·福克斯，饰演毕加索；**B** 克里斯托弗·沃肯，饰演马克斯·佐林；亚非特·科托，饰演坎南迦博士；罗伯特·戴维，饰演弗朗兹·桑切斯；乔·唐·巴克，饰演布拉德·惠特克；理查德·基尔，饰演钢牙；**BO** 路易斯·小泽·张简，饰演 LARX-3；**DH** 威廉姆·赛德勒，饰演斯图尔特上校；蒂莫西·奥利芬特，饰演托马斯·加布里埃尔；李美琪（Maggie Q），饰演麦林 **MI** 乔恩·沃伊特，饰演吉姆·菲尔普斯；菲利普·塞默·霍夫曼，饰演欧文·达维安

**B** 罗伯特·卡莱尔，饰演雷纳德（维克多·佐卡斯）；安东尼·道森，饰演贝洛福；**IJ** 迈克尔·谢尔德，饰演阿道夫·希特勒；**MI** 多格雷·斯科特，饰肖恩·安布罗斯；**X** 布莱恩·考克斯，饰史崔克上校

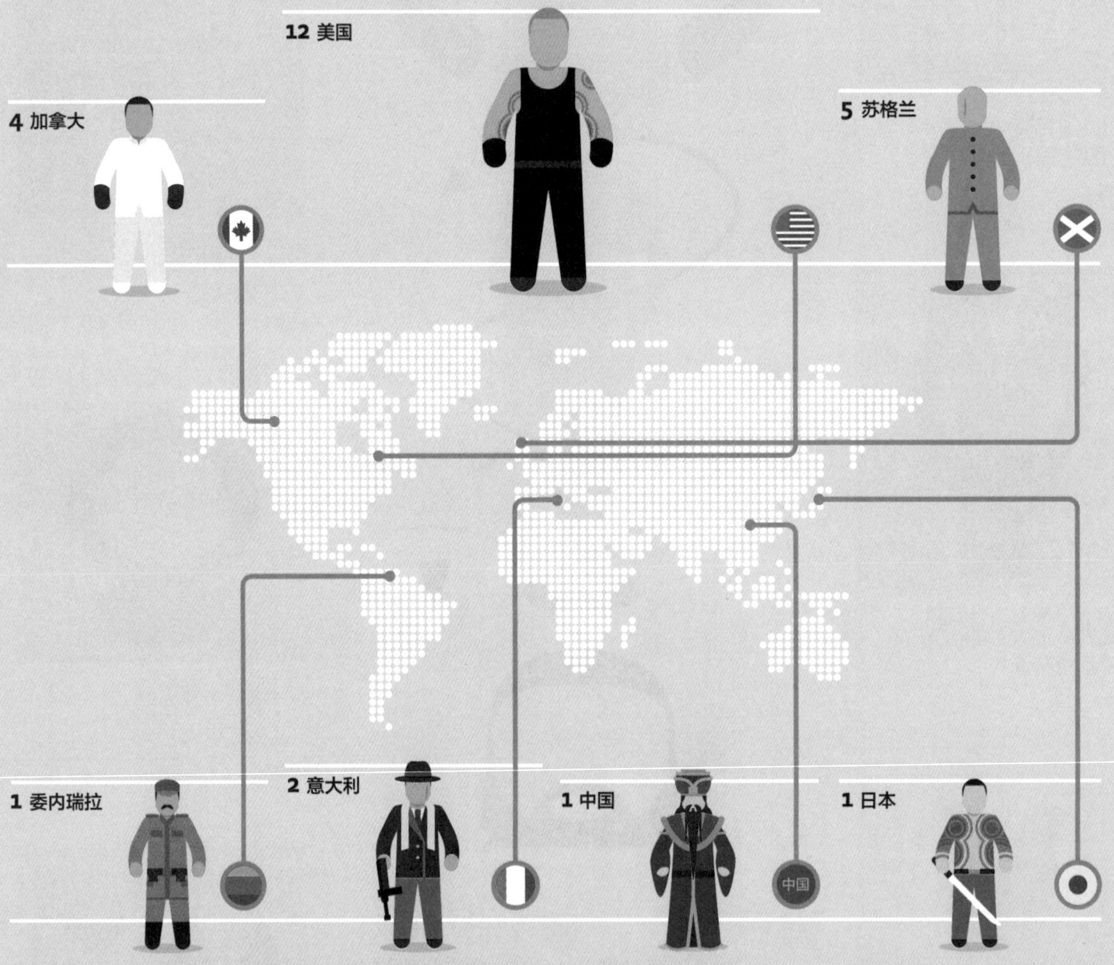


**BO** 埃德加·拉米雷兹，饰演帕兹

**B** 阿道夫·赛利，饰演艾米里欧·拉果；**DH** 弗兰科·尼罗，饰演罗蒙·埃斯佩萨将军

**B** 郭振峰，饰演张将军

**B** 哈罗德·坂田，饰演金手指保镖

**AC**《蛛丝马迹》 **B**《007》 **BO**《谍影重重》 **DH**《虎胆龙威》 **IJ**《夺宝奇兵》 **MI**《碟中谍》 **JR**《侠探杰克》 **X**《X战警》

**AC** 加利·艾尔维斯，饰演尼克·鲁斯金；**B** 肖恩·宾，饰演杰纳斯；史蒂文·伯克夫，饰演奥洛夫将军；查尔斯·格雷，饰演贝洛福；朱利安·格洛弗，饰演亚里士多德·克里斯塔托；约翰·霍利斯，饰演坐轮椅的反派；克里斯托弗·李，饰演金枪人；裴淳华（罗莎曼德·派克），饰演米兰达·弗罗斯特；唐纳德·普利森斯，饰演贝洛福；罗伯特·里耶蒂，饰演坐轮椅的反派；托比·斯蒂芬斯，饰演古斯塔夫·格雷夫斯；**BO** 罗素·李维，饰演曼海姆；克里夫·欧文，饰演教授；**DH**艾伦·里克曼，饰演汉斯·格鲁博；杰瑞米·艾恩斯，饰演西蒙·格鲁博；**IJ**迈克尔·伯恩，饰演厄恩斯特·沃格尔上校；保罗·弗里曼，饰演热内·贝洛克博士；朱利安·格洛弗 饰演 沃尔特·多诺万；罗纳德·拉西，饰演海因里希·希姆莱；帕特·罗奇，饰演矿井监工；雷·温斯顿，饰演乔治·麦克·迈克尔；**MI**埃迪·马森，饰演布朗维；**X** 维尼·琼斯，饰演凯因·马可（红坦克）；伊恩·麦克莱恩，饰演埃里克·兰谢尔（万磁王）

**B**杰罗恩·克拉比，饰演吉尔吉·科斯柯夫将军；**X**法米克·詹森，饰演琴·葛蕾（凤凰女）；丽贝卡·罗梅恩，饰演瑞雯·达克霍姆（魔形女）

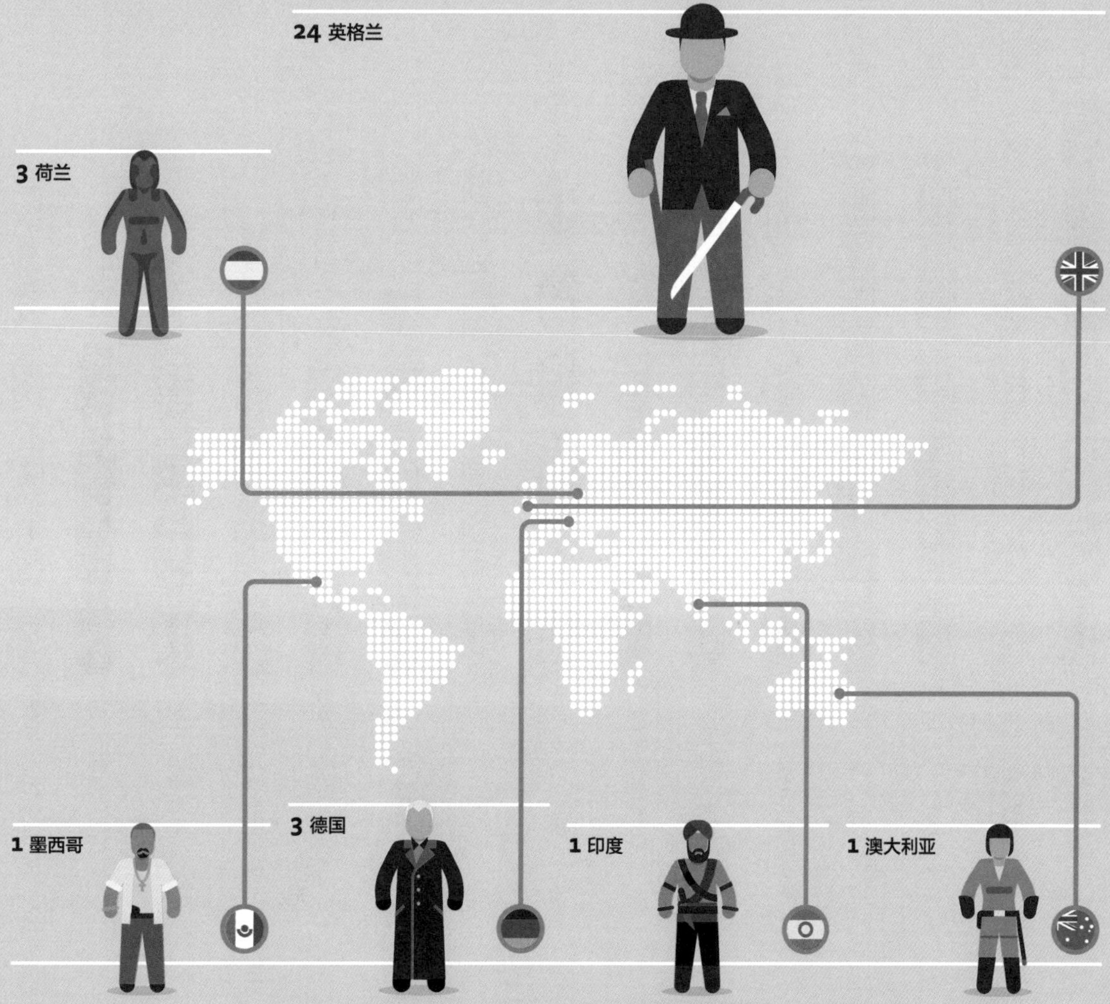


**B**乔昆·科西欧，饰演梅德拉诺将军

**B**杰特·弗罗比 饰演 金手指；尤尔根斯·库尔特，饰演卡尔·斯特龙伯格；**JR**沃纳·赫尔佐格，饰演柴克

**IJ**阿莫瑞什·普瑞，饰演莫拉·兰姆

**IJ**凯特·布兰切特，饰艾瑞娜·斯帕科

资料来源：IMDb。已获得使用授权。

# 真正的票房宠儿

20世纪30年代，全美国人口中65%的人每周会去一次电影院。到1964年，这个比例已经降到10%（但售出电影票的总数仍然达到10.4亿张），从那以后，前往电影院观影的人数比例就一直保持在这个水平，这也解释了为什么全美票房排名*前30的都是经典老片。图中列出了这些影片的名字、上映年份和总票房。

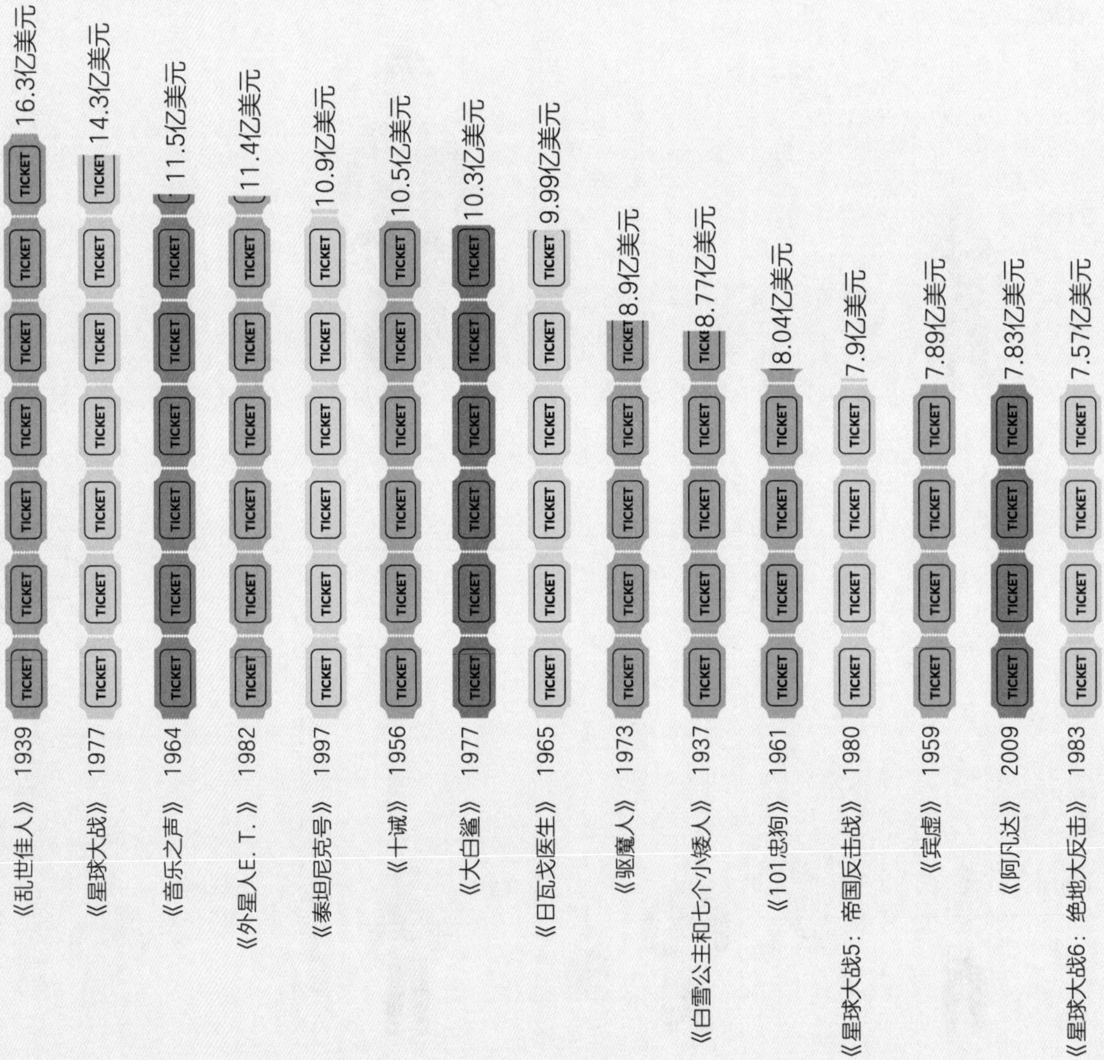

**图例**

- 史诗
- 科幻奇幻
- 家庭冒险
- 爱情
- 动画
- 恐怖惊悚
- 恐怖
- 科幻冒险
- 犯罪喜剧
- 古装冒险
- 科幻恐怖
- 喜剧/剧情
- 犯罪剧情
- 家庭
- 音乐
- 动作/冒险
- 动作

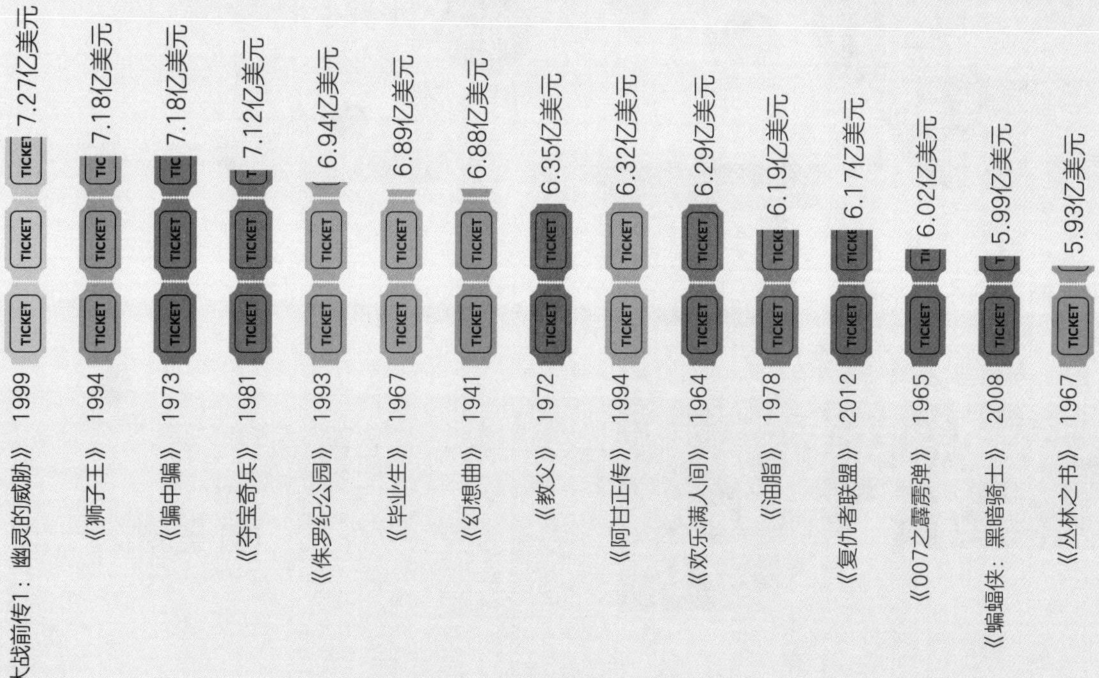


*（票房根据2013年的物价进行调整，每张电影票计8.2美元）

资料来源：Box Office Mojo。已获得使用授权。其他资料来源：MPAA。

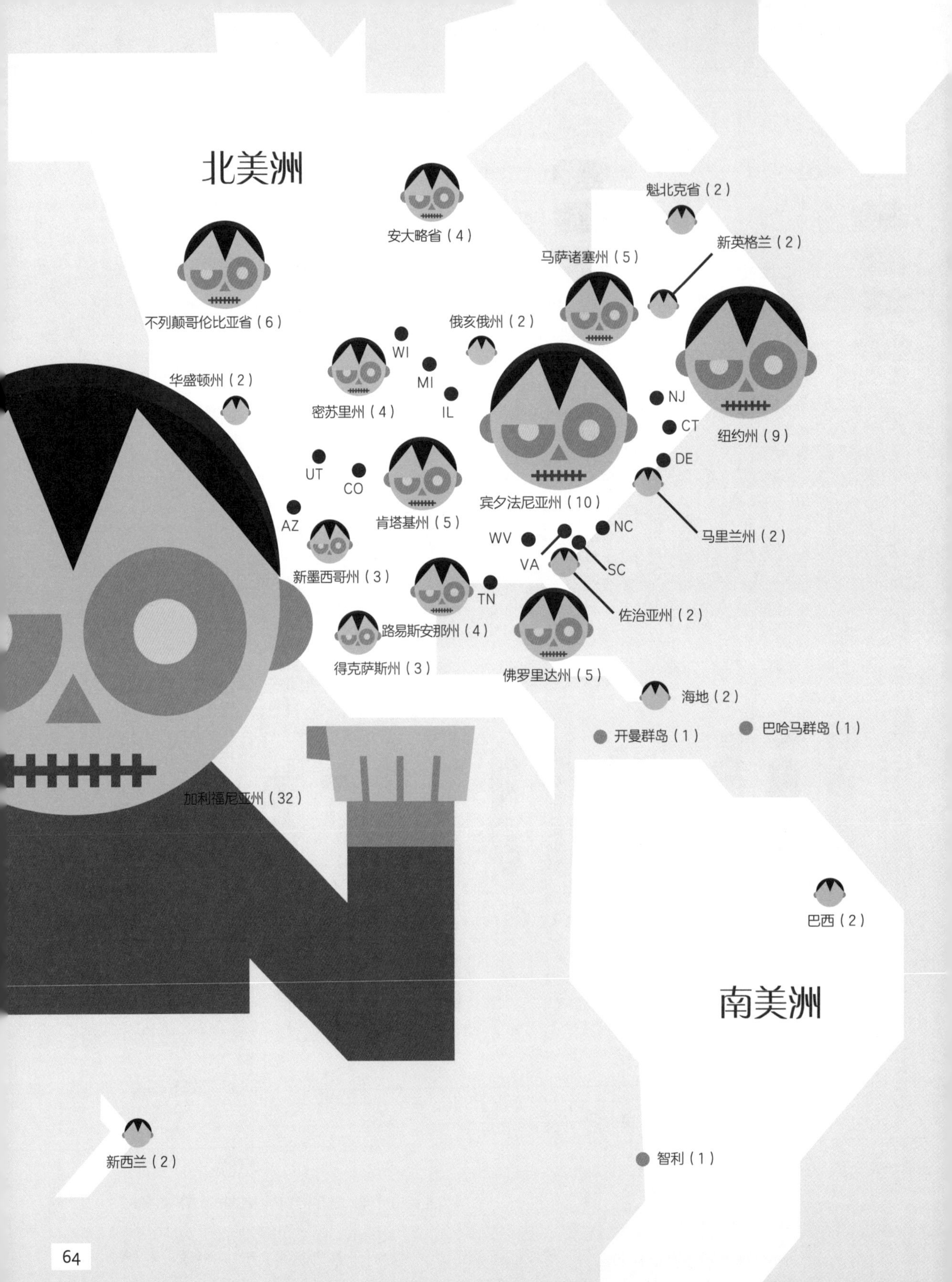
北美洲
安大略省（4）
魁北克省（2）
新英格兰（2）
马萨诸塞州（5）
不列颠哥伦比亚省（6）
俄亥俄州（2）
WI
MI
IL
华盛顿州（2）
密苏里州（4）
NJ
CT
纽约州（9）
DE
UT
CO
肯塔基州（5）
宾夕法尼亚州（10）
AZ
NC
WV
VA
SC
马里兰州（2）
新墨西哥州（3）
TN
佐治亚州（2）
路易斯安那州（4）
得克萨斯州（3）
佛罗里达州（5）
海地（2）
开曼群岛（1）
巴哈马群岛（1）
加利福尼亚州（32）
巴西（2）
南美洲
新西兰（2）
智利（1）

# 丧尸暴发地图

如果世界上暴发了丧尸危机，躲在哪里才能确保安全呢？这张地图显示了不同国家和地区曾经拍摄过或作为故事背景出现在丧尸电影里的次数。

欧洲

俄罗斯（1）

爱尔兰（4）

德国（4）

法国（4）

匈牙利（1）

葡萄牙（1）

瑞士（2）

塞尔维亚（1）

西班牙（3）

马耳他（1）

北非（1）

亚洲

巴基斯坦（1）

中国香港地区（2）

非洲

布基纳法索（1）

科特迪瓦（1）

巴布亚新几内亚（1）

南太平洋

澳大利亚（2）

括号中为丧尸电影的数量

其他（影片数量=1）

| | | | | | |
|---|---|---|---|---|---|
| **AZ** | 亚利桑那州 | **MI** | 密歇根州 | **UT** | 犹他州 |
| **CO** | 科罗拉多州 | **NJ** | 新泽西州 | **VA** | 弗吉尼亚州 |
| **CT** | 康涅狄格州 | **NC** | 北卡罗来纳州 | **WV** | 西弗吉尼亚州 |
| **DE** | 特拉华州 | **SC** | 南卡罗来纳州 | **WI** | 威斯康星州 |
| **IL** | 伊利诺伊州 | **TN** | 田纳西州 | | |

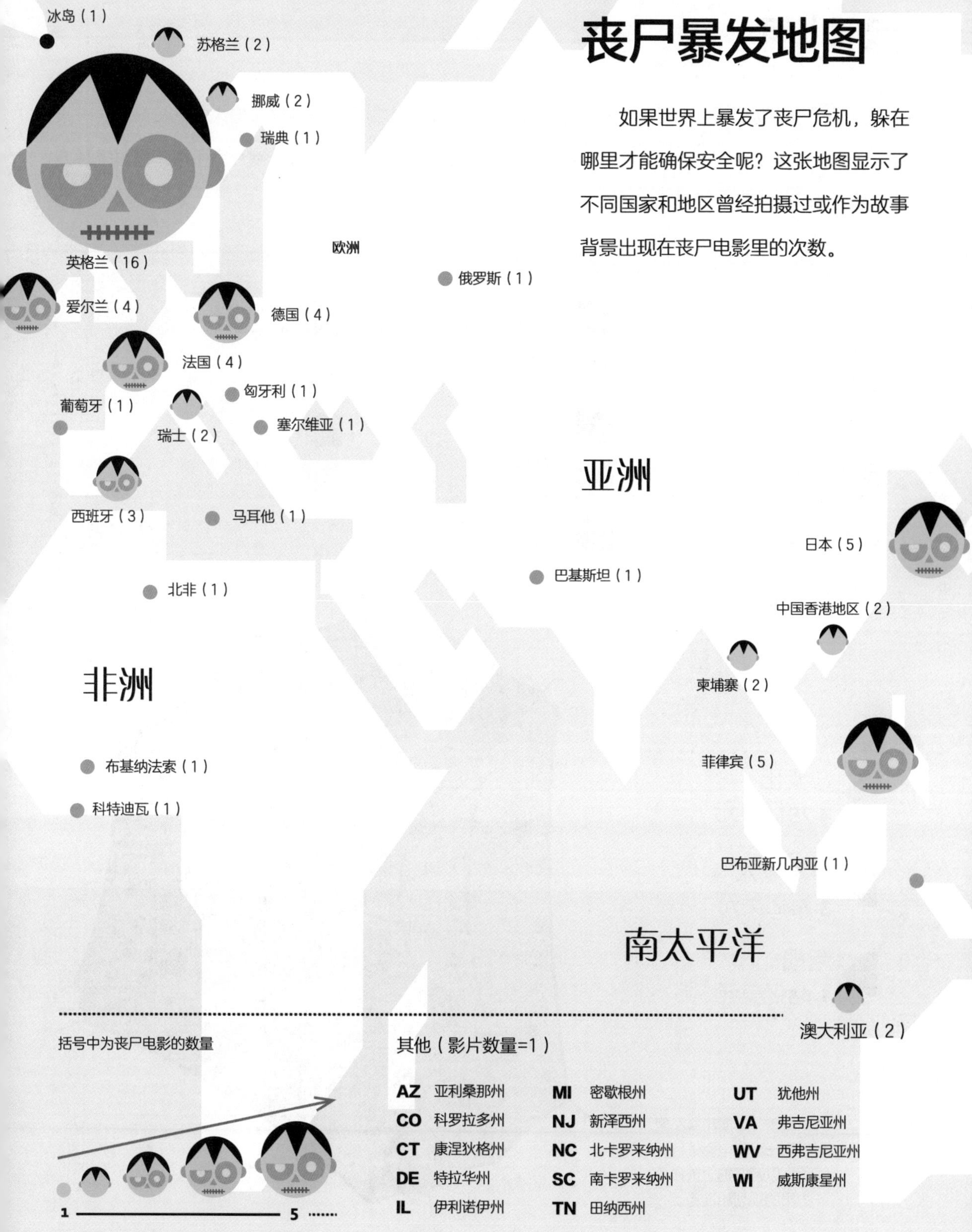

# 净利润

即便是最成功的好莱坞电影也不一定能够实现盈利。图中显示了一部好莱坞大作（资料来源：某著名系列电影中的一部）的成本构成，影片难以盈利是因为成本持续上升，制片商不得不通过各种方式在各个市场中挤压利润空间。

- 前期制作* **500**万美元
- 制片人费用 **1500**万美元
- 特效 **6500**万美元
- 摄影制作 **4500**万美元
- 冲印底片 **2000**万美元
- 剧本创作 **1000**万美元
- 知识产权 **2000**万美元
- 导演 **1000**万美元
- 音乐 **500**万美元
- 演员 **3000**万美元
- 作曲 **200**万美元
- 分销成本 **1500**万美元
- 展映 **1.12**亿美元
- 支出的利息 **2500**万美元
- 后期制作/营销 **1**亿美元

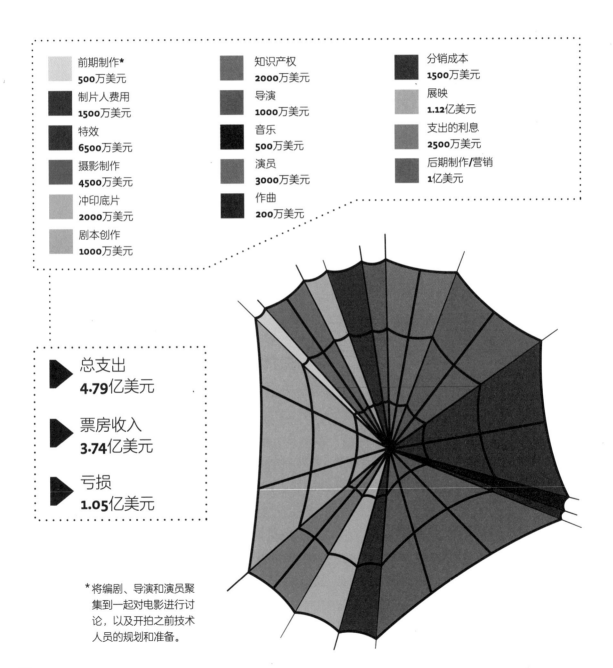

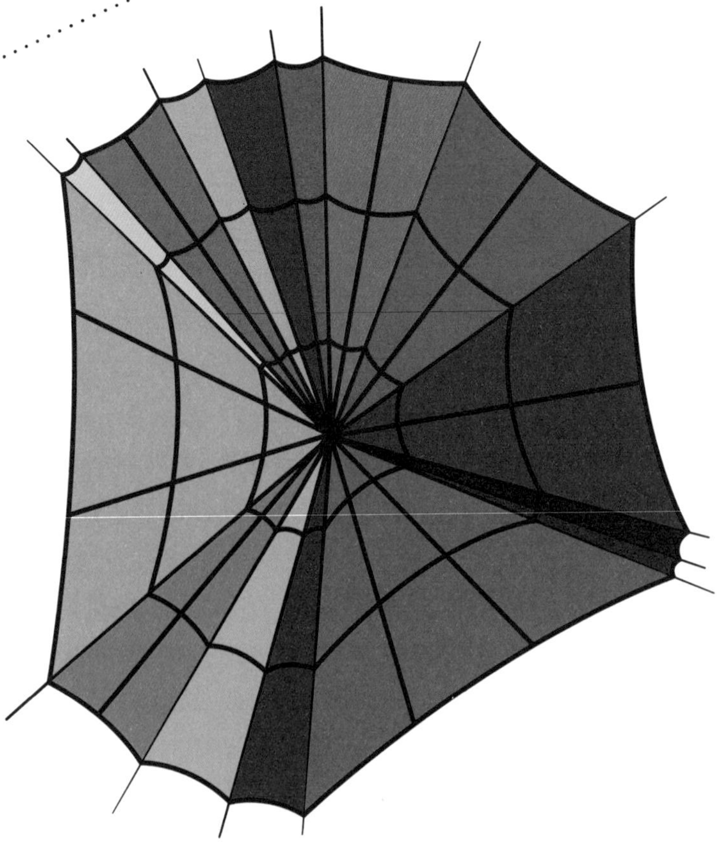

总支出 **4.79**亿美元

票房收入 **3.74**亿美元

亏损 **1.05**亿美元

*将编剧、导演和演员聚集到一起对电影进行讨论，以及开拍之前技术人员的规划和准备。

# 致命的动物

不要走进水里！在电影世界里，两栖爬行类动物和食人鱼是目前为止最致命的动物。图中列出了10部有致命动物的电影（及上映年份和动物名等）。

受害者人数

| 《驭鼠怪人》 | 《恐怖食肉虫》 | 《狂犬惊魂》 | 《狂蟒之灾》 | 《史前巨鳄》 |
|---|---|---|---|---|
| 1971 | 1978 | 1983 | 1997 | 1999 |
| 白鼠 | 蠕虫 | 圣伯纳犬 | 蛇 | 鳄鱼 |

受害者人数

| 《大白鲨》 | 《食人鱼》 | 《大鳄鱼》 | 《航班蛇患》 | 《食人鱼3D》 |
|---|---|---|---|---|
| 1975 | 1978 | 1980 | 2006 | 2010 |
| 鲨鱼 | 鱼 | 短吻鳄 | 蛇 | 鱼 |

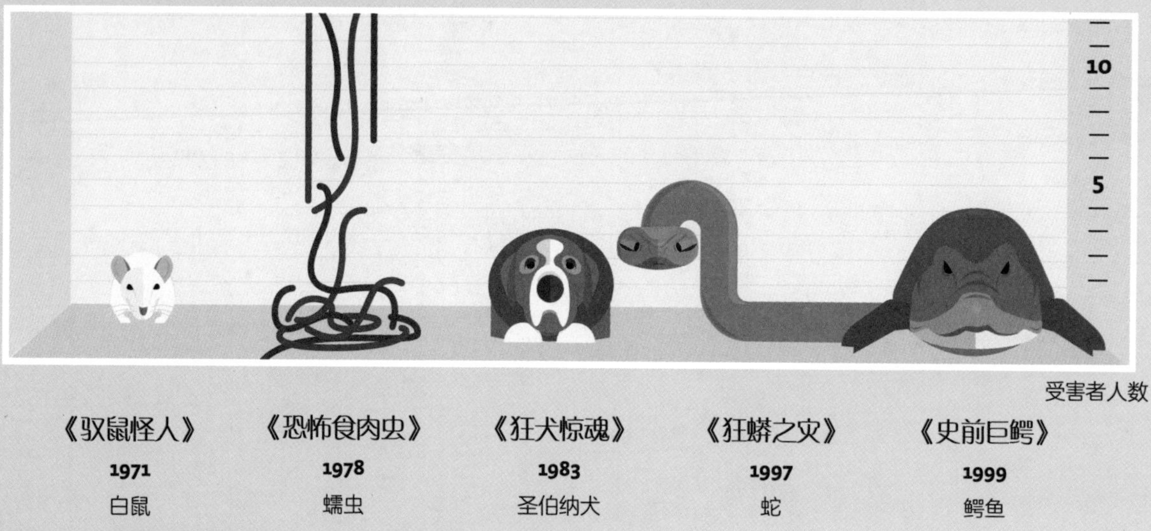

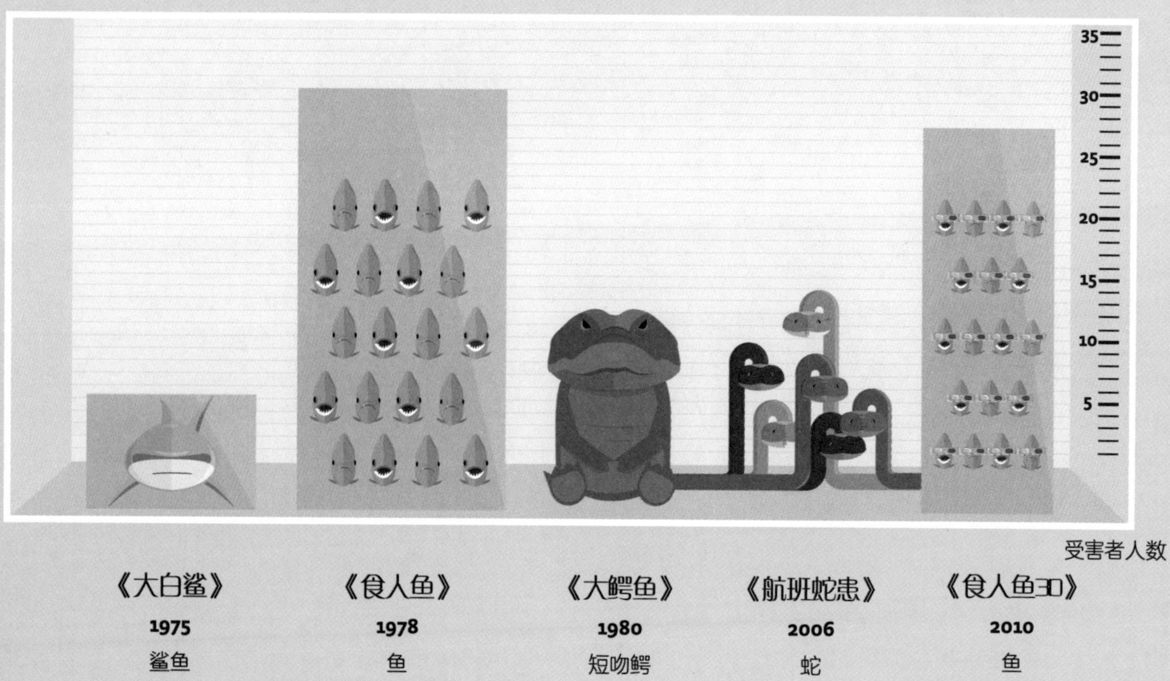

# 一切尽在游戏中

许多销售金额上百万美元乃至上亿美元的电子游戏已经被改编并登上大银幕，但这样的改编并不一定总能获得成功。本页的图表详细说明了这一点。

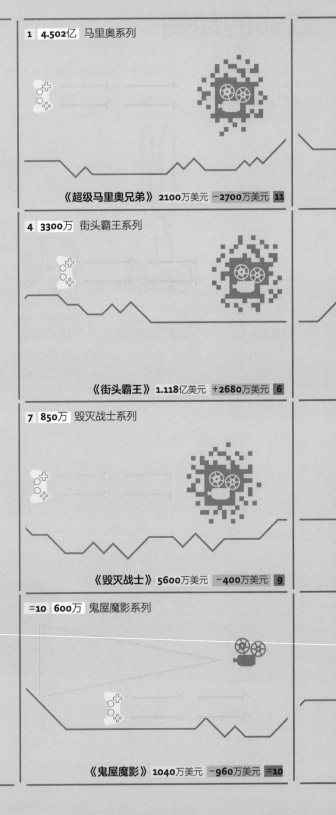

1 4.502亿 马里奥系列

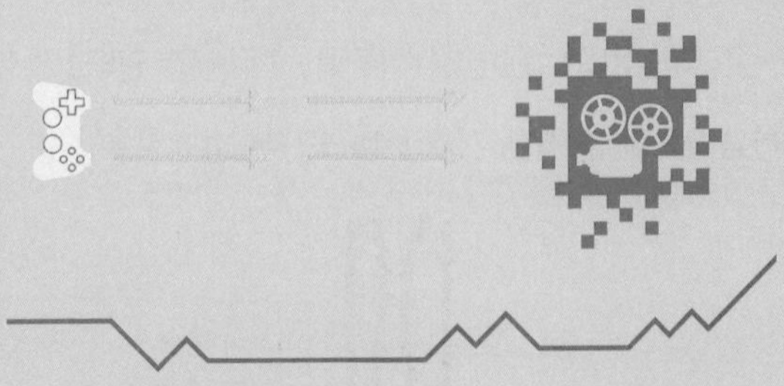

《超级马里奥兄弟》 2100万美元 -2700万美元 11

4 3300万 街头霸王系列

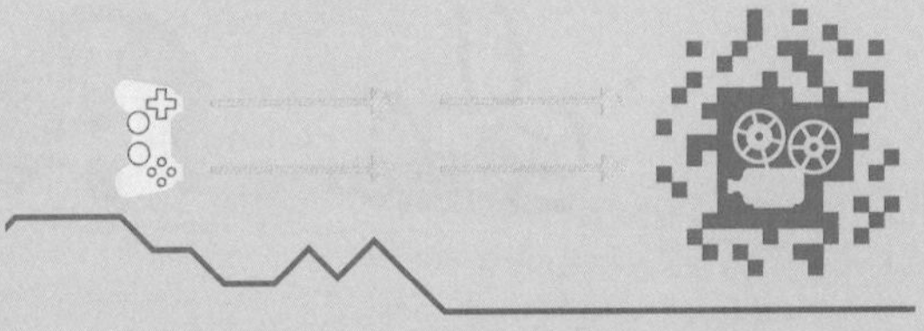

《街头霸王》 1.118亿美元 +2680万美元 6

7 850万 毁灭战士系列

《毁灭战士》 5600万美元 -400万美元 9

=10 600万 鬼屋魔影系列

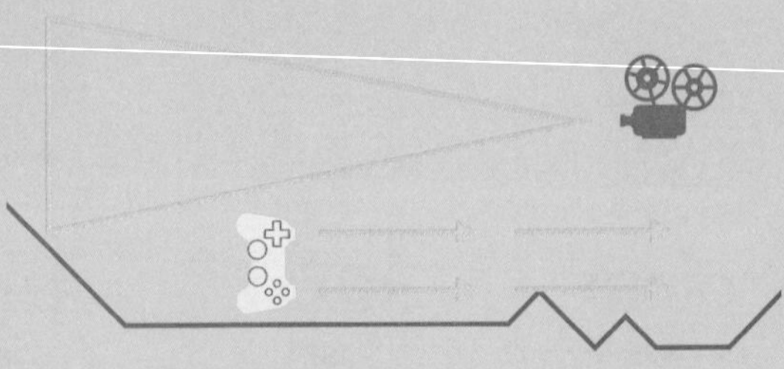

《鬼屋魔影》 1040万美元 -960万美元 =10

**图例**

电子游戏排名

电子游戏销售量（份）

电影排名

电影盈利/亏损金额

电影票房

电子游戏排名胜出

电子游戏排名落败

电影排名胜出

电影排名落败

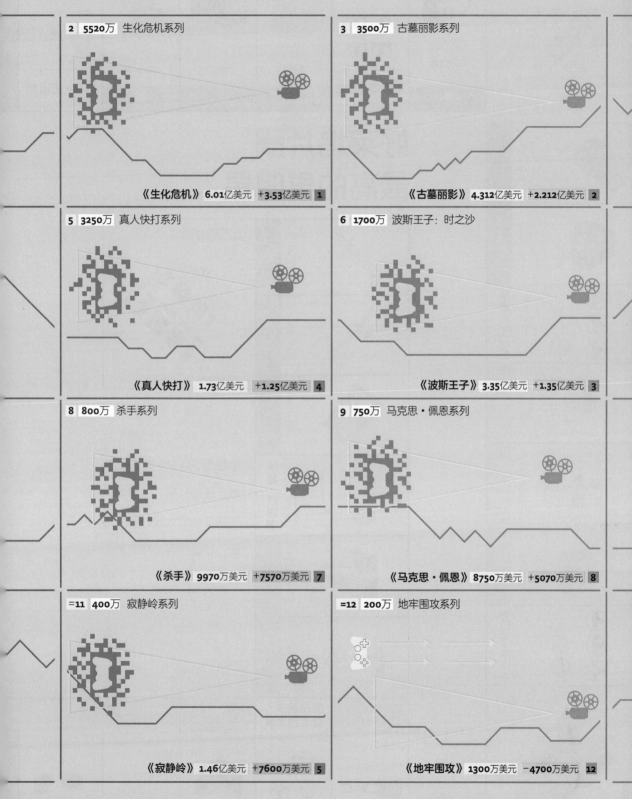

2 **5520万** 生化危机系列

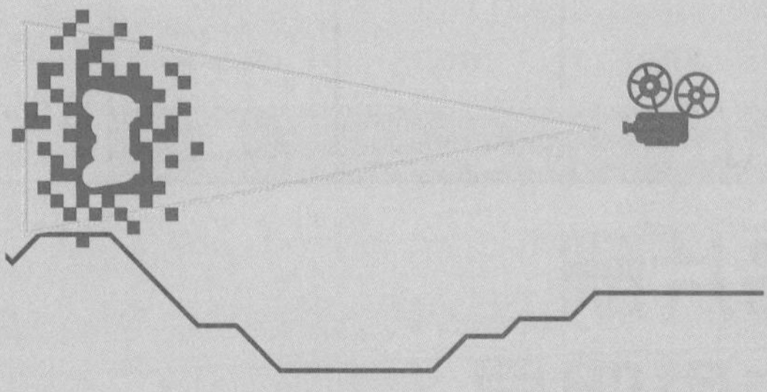

**《生化危机》** **6.01**亿美元 +**3.53**亿美元 **1**

3 **3500万** 古墓丽影系列

**《古墓丽影》** **4.312**亿美元 +**2.212**亿美元 **2**

5 **3250万** 真人快打系列

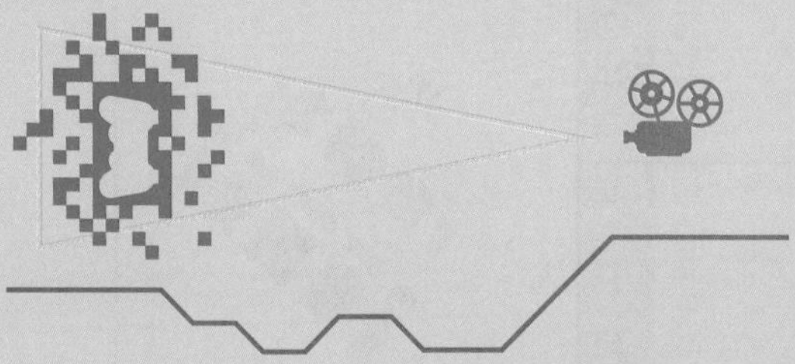

**《真人快打》** **1.73**亿美元 +**1.25**亿美元 **4**

6 **1700万** 波斯王子：时之沙

**《波斯王子》** **3.35**亿美元 +**1.35**亿美元 **3**

8 **800万** 杀手系列

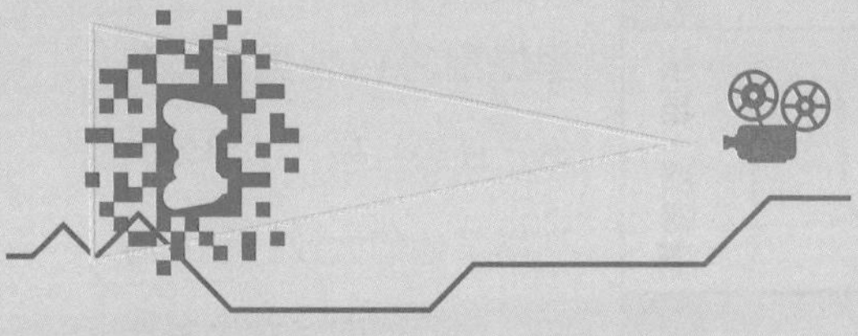

**《杀手》** **9970**万美元 +**7570**万美元 **7**

9 **750万** 马克思·佩恩系列

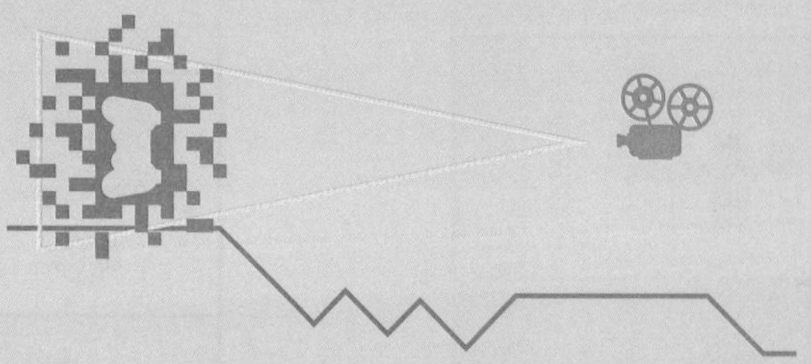

**《马克思·佩恩》** **8750**万美元 +**5070**万美元 **8**

=11 **400万** 寂静岭系列

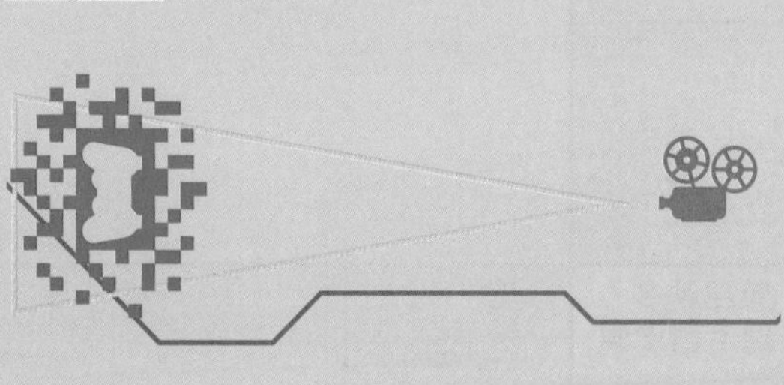

**《寂静岭》** **1.46**亿美元 +**7600**万美元 **5**

=12 **200万** 地牢围攻系列

**《地牢围攻》** **1300**万美元 −**4700**万美元 **12**

资料来源：IMDb。已获得使用授权。

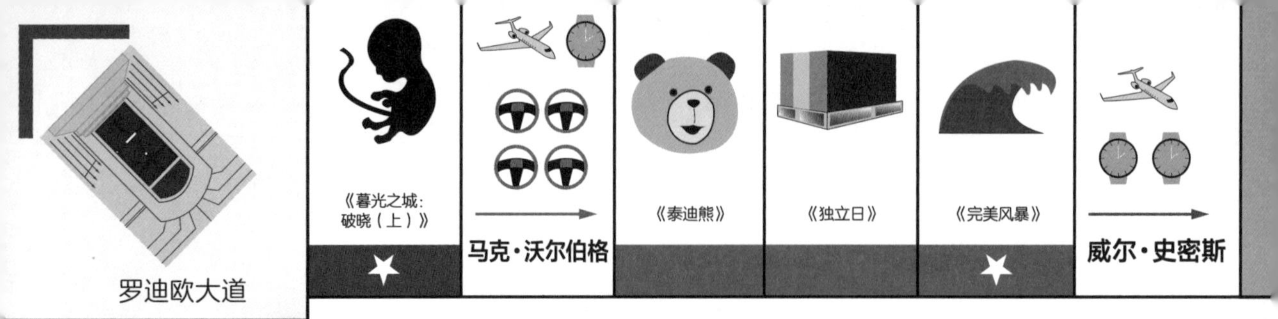


# 好莱坞片酬最高的男明星

根据《福布斯》杂志，2011—2012年，这里提到的11位男演员获得了顶级片酬。这里我们列举了他们大致的收入情况、在这期间发布的影片和成名作。

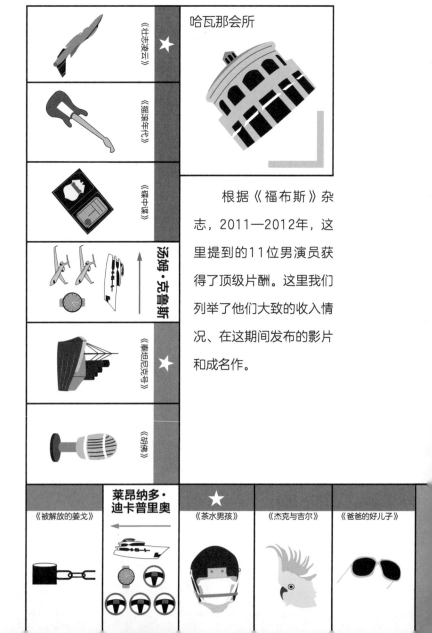

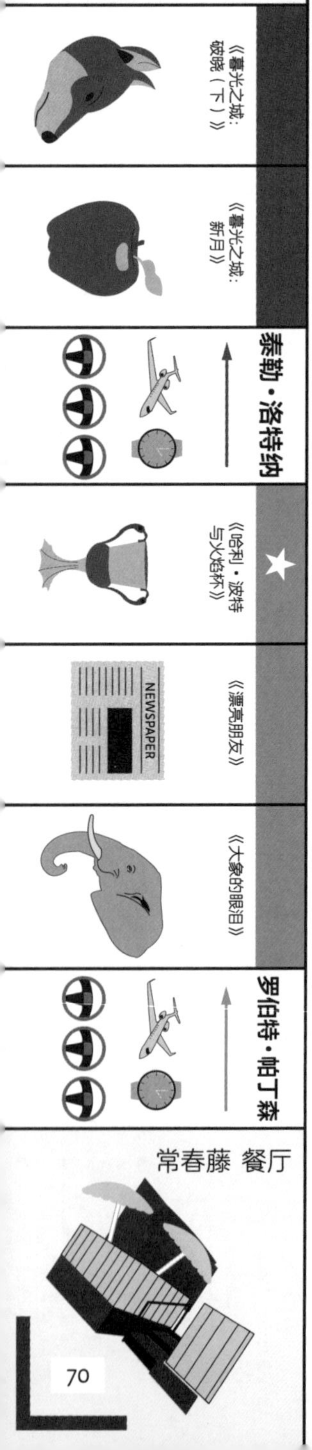


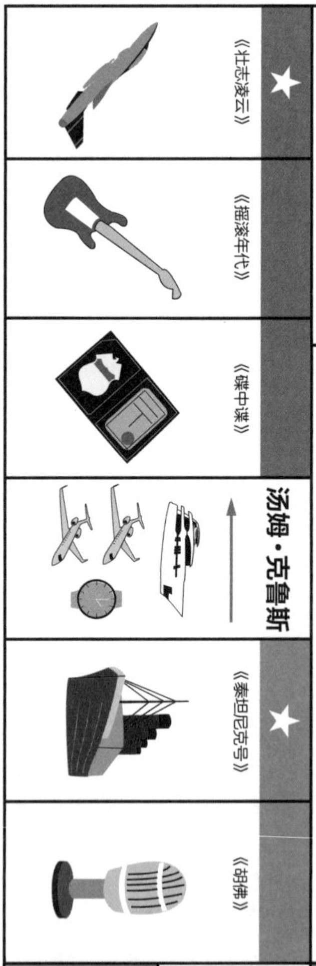

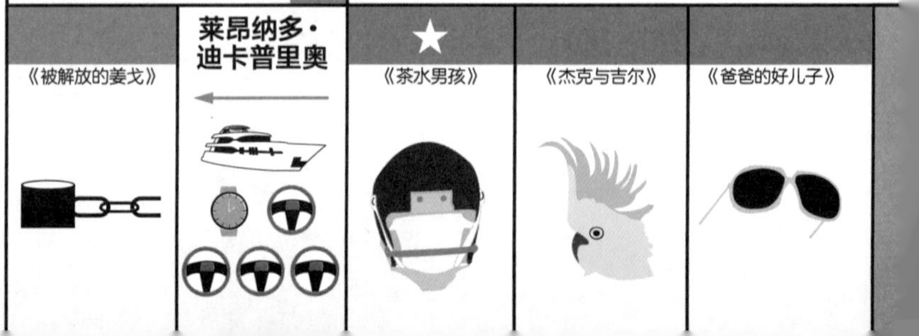

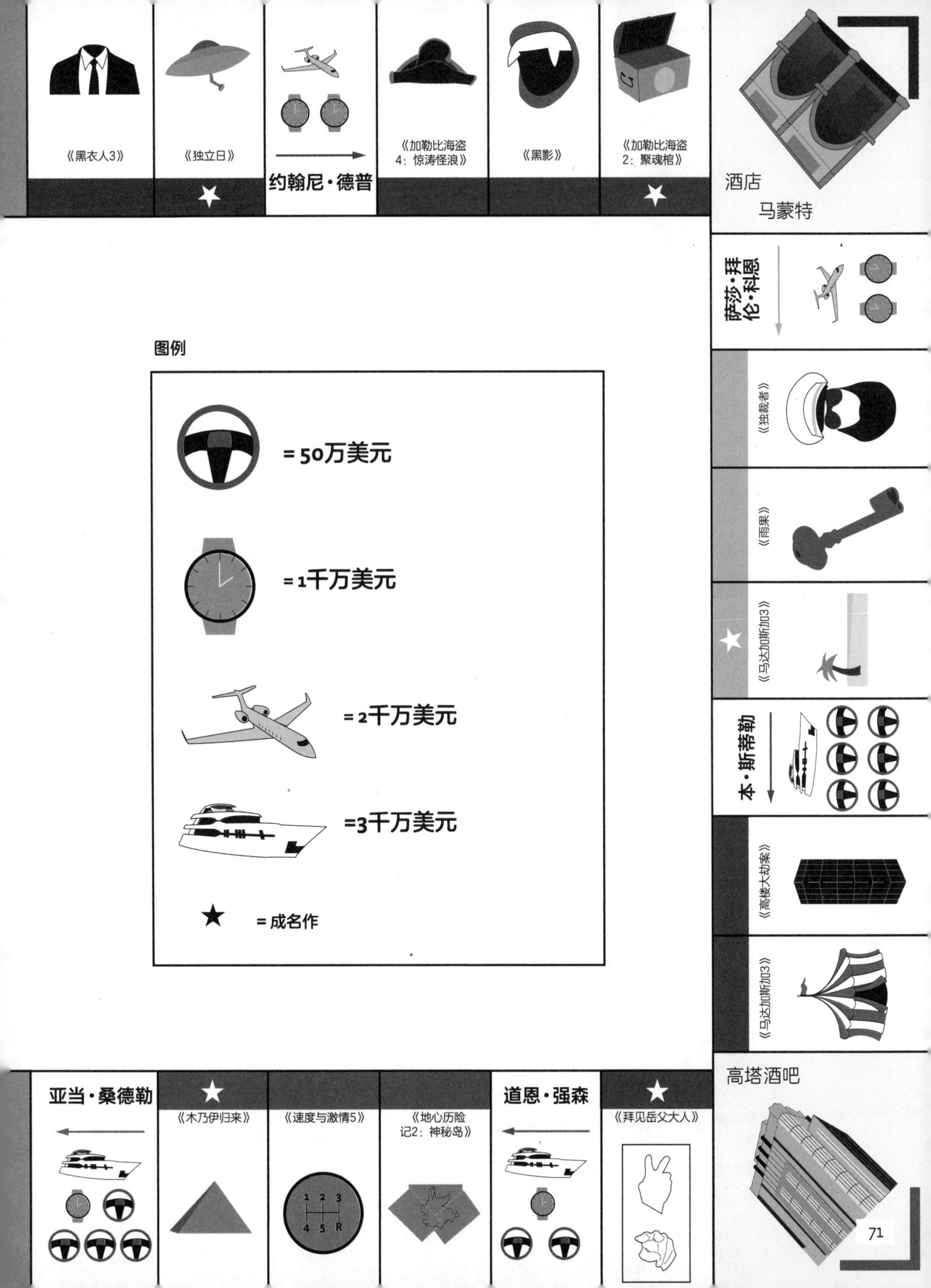
《黑衣人3》
《独立日》
约翰尼·德普
《加勒比海盗4：惊涛怪浪》
《黑影》
《加勒比海盗2：聚魂棺》
酒店
马蒙特
萨莎·拜伦·科恩
《独裁者》
《雨果》
《马达加斯加3》
本·斯蒂勒
《高楼大劫案》
《马达加斯加3》
高塔酒吧
道恩·强森
《拜见岳父大人》
《地心历险记2：神秘岛》
《速度与激情5》
1 2 3
4 5 R
《木乃伊归来》
亚当·桑德勒
图例
=50万美元
=1千万美元
=2千万美元
=3千万美元
=成名作

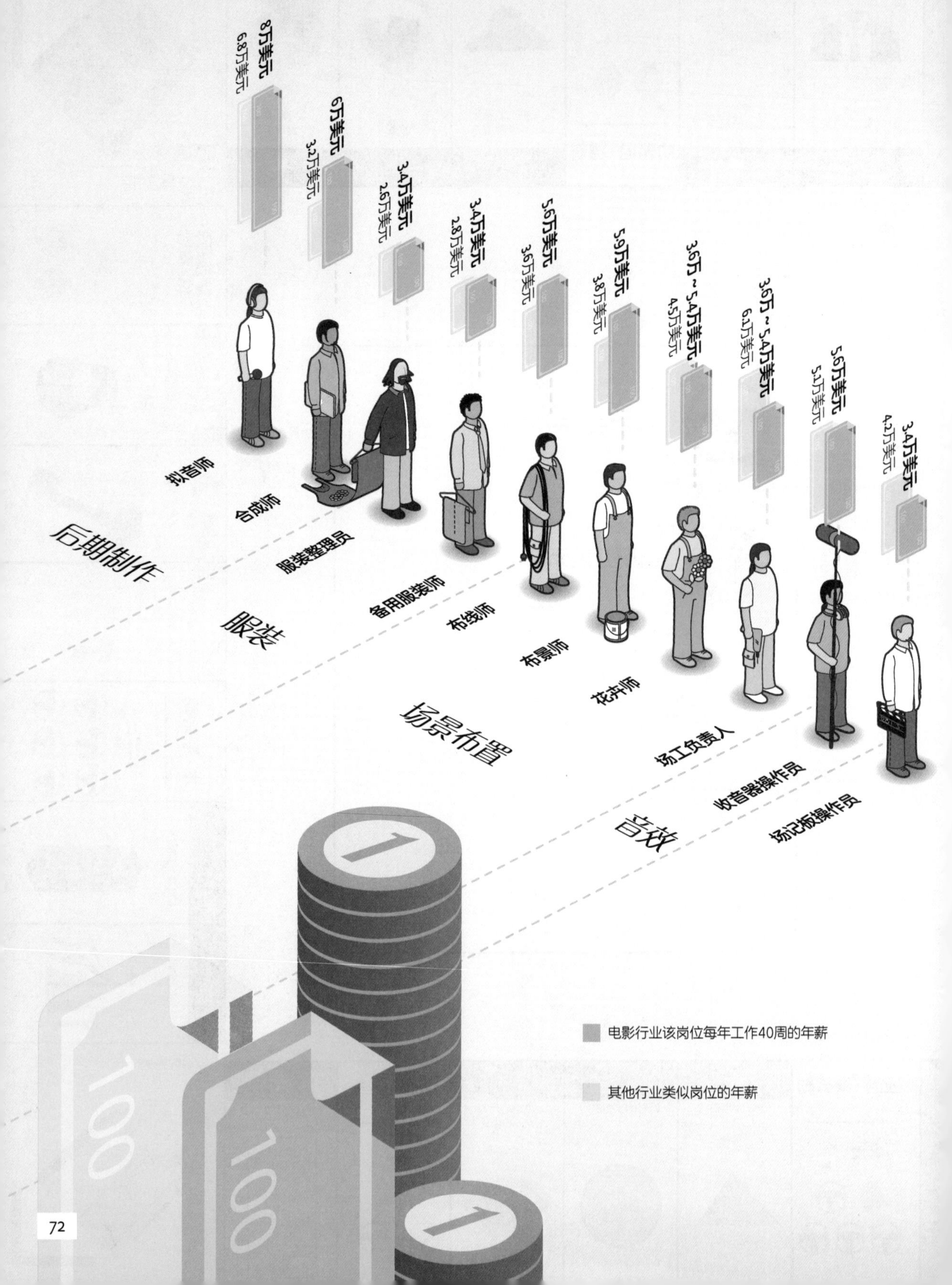

8万美元
6.8万美元
6万美元
3.2万美元
3.4万美元
2.6万美元
3.4万美元
2.8万美元
5.6万美元
3.6万美元
5.9万美元
3.8万美元
3.6万~5.4万美元
4.5万美元
3.6万~5.4万美元
6.1万美元
5.6万美元
5.1万美元
3.4万美元
4.2万美元
拟音师
合成师
服装整理员
备用服装师
布线师
布景师
花艺师
场工负责人
收音器操作员
场记板操作员
后期制作
服装
场景布置
音效
电影行业该岗位每年工作40周的年薪
其他行业类似岗位的年薪

# 电影的幕后功臣们

电影片场的工作人员有各种形形色色的称呼，那么这些只会出现在电影结束时的滚动字幕里的人员的薪酬水平是怎样的呢？

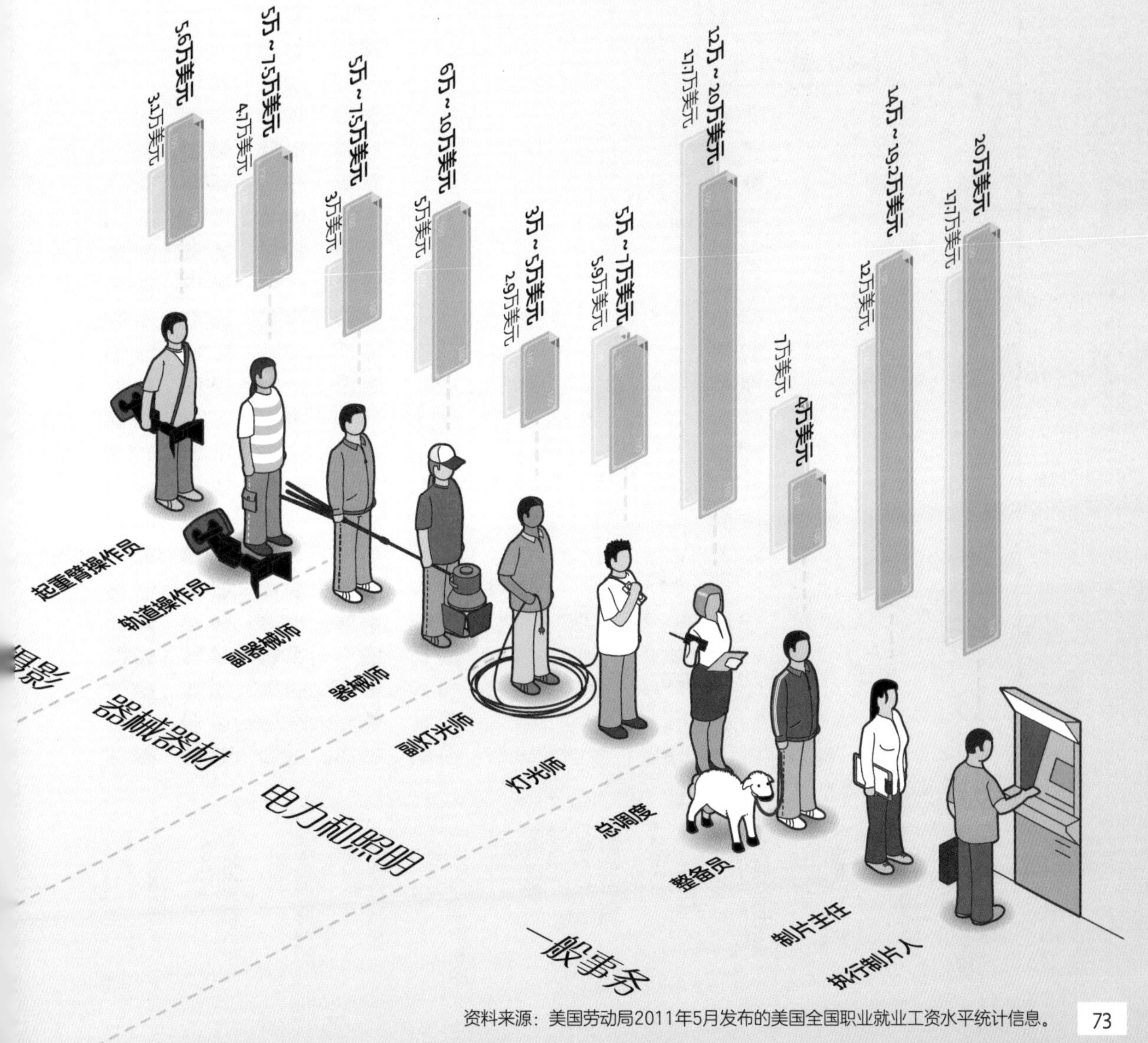


资料来源：美国劳动局2011年5月发布的美国全国职业就业工资水平统计信息。

# 与汤姆·克鲁斯一起戴上墨镜

汤姆·克鲁斯的墨镜和票房之间似乎存在着某种联系，数据显示，在这些电影中，他戴着墨镜出现的场景越多，观众就越喜欢他……

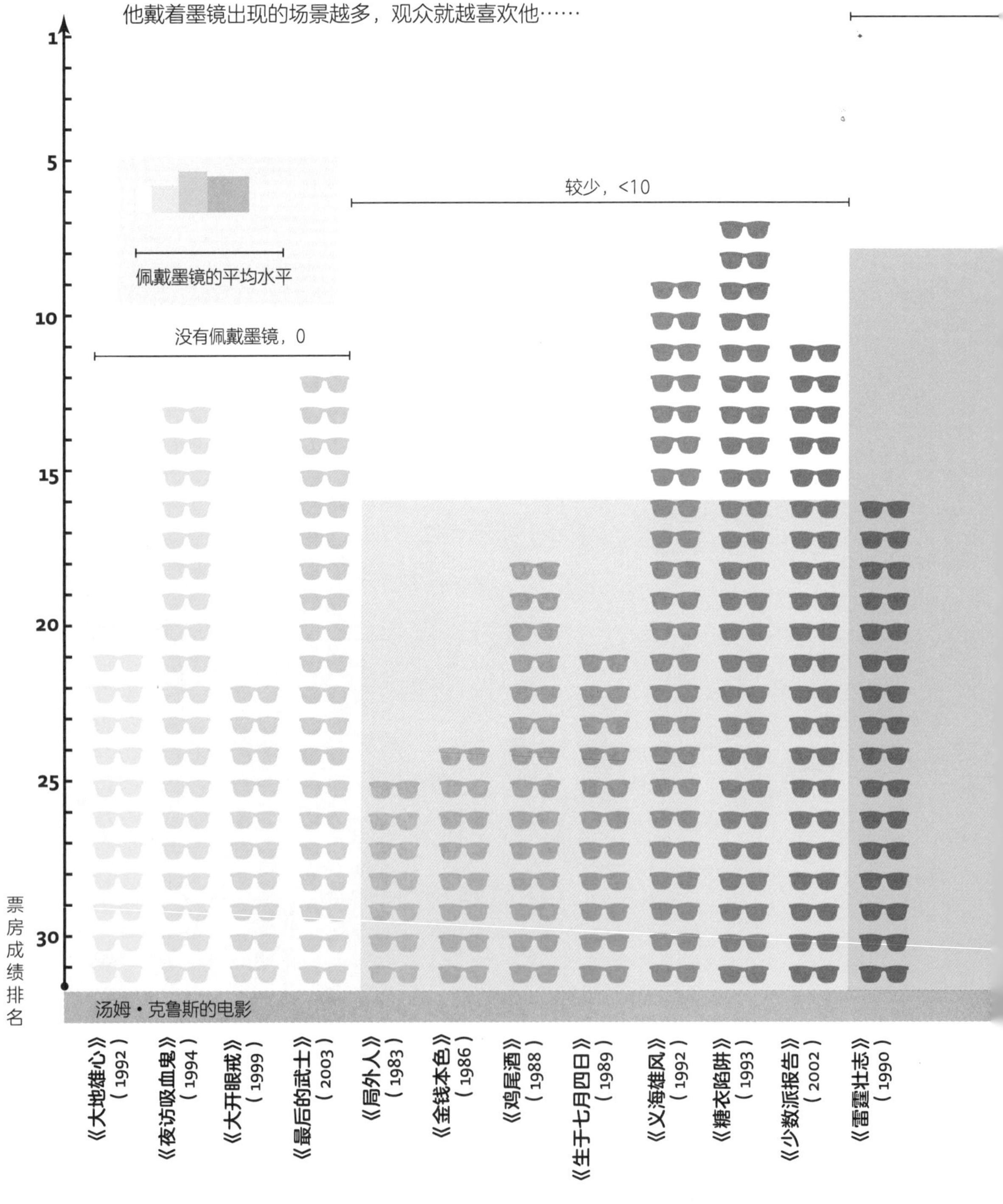

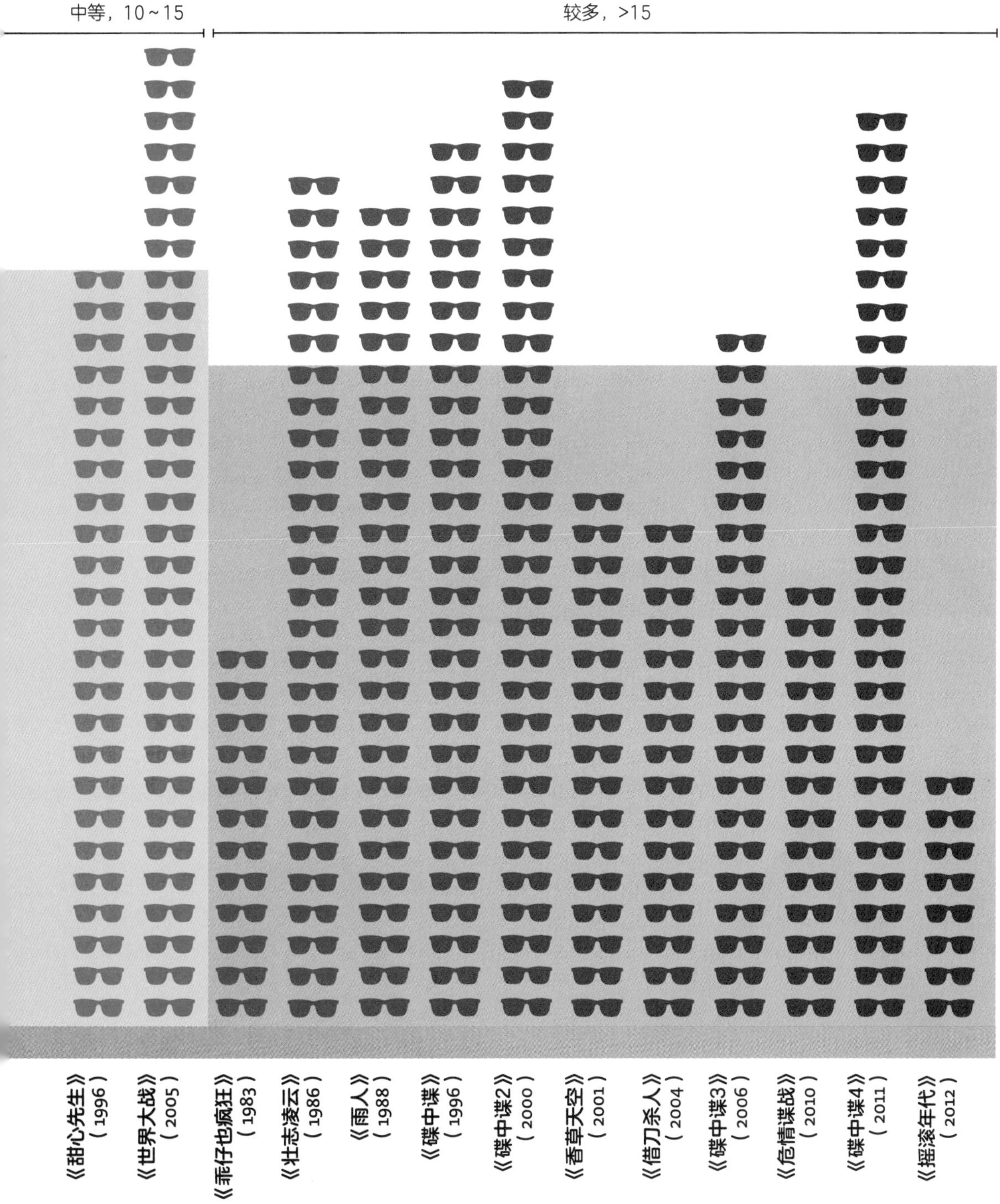

中等，10~15
较多，>15
《甜心先生》（1996）
《世界大战》（2005）
《乖仔也疯狂》（1983）
《壮志凌云》（1986）
《雨人》（1988）
《碟中谍》（1996）
《碟中谍2》（2000）
《香草天空》（2001）
《借刀杀人》（2004）
《碟中谍3》（2006）
《危情谍战》（2010）
《碟中谍4》（2011）
《摇滚年代》（2012）

# 电影的配乐

原声音轨其实是电影不可或缺的组成部分，但很少有人会关注创作电影音乐的作曲家们（而且从事这一行业的女性人数很少）。这里我们列举了截止到2013年票房成绩最高的几位作曲家。

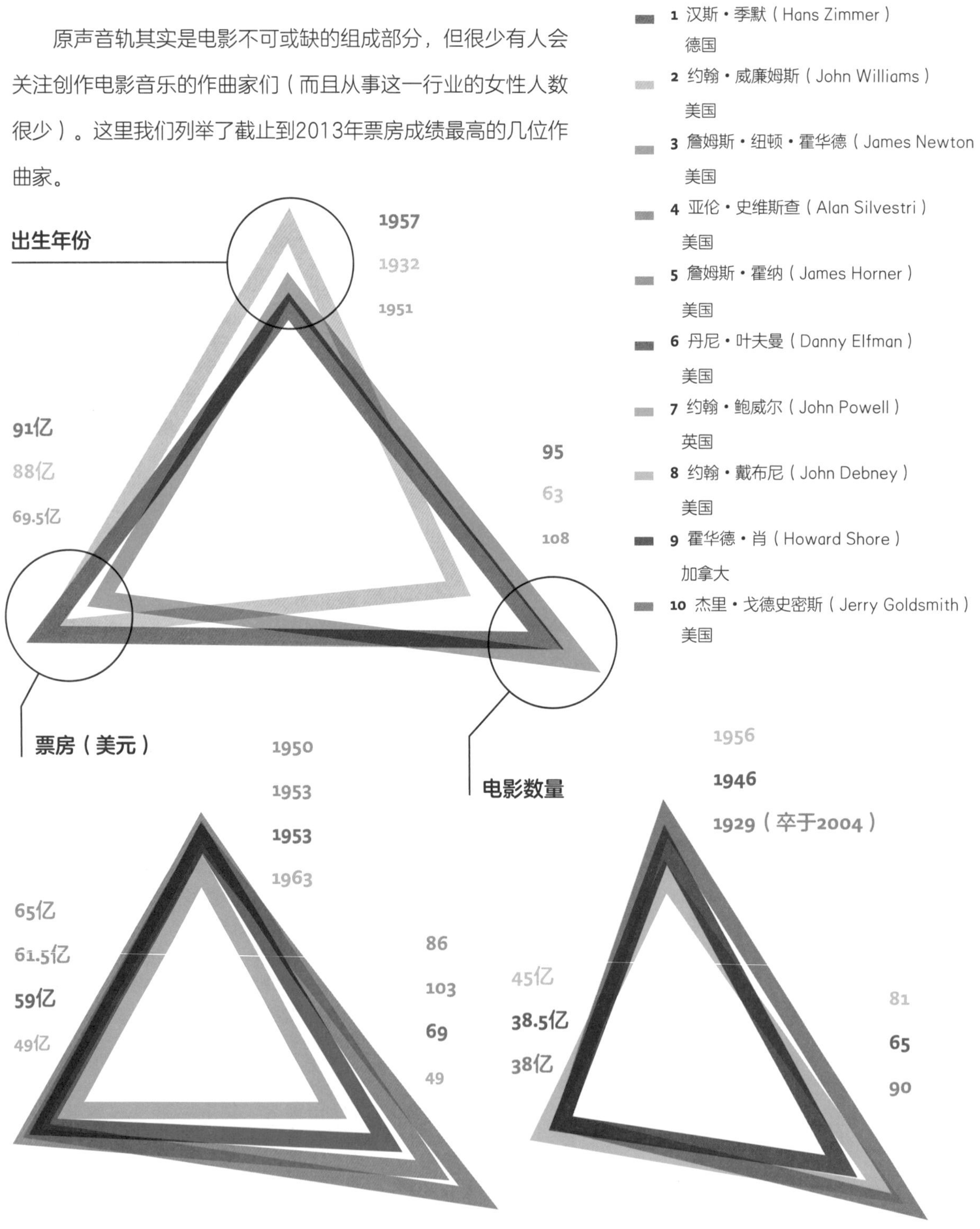

# 20世纪90年代的经典电影

请通过这些图片回想20世纪90年代10部经典电影佳作的名字。图片上提供了每部电影名的第一个字。

答案见第152页

# 不再迷失

有许多电影佳作使用的语言并不是英语。下面列出的这些电影不仅在本国成为轰动一时的票房神话，（加上字幕后）在全球范围内也产生了极大的影响力。

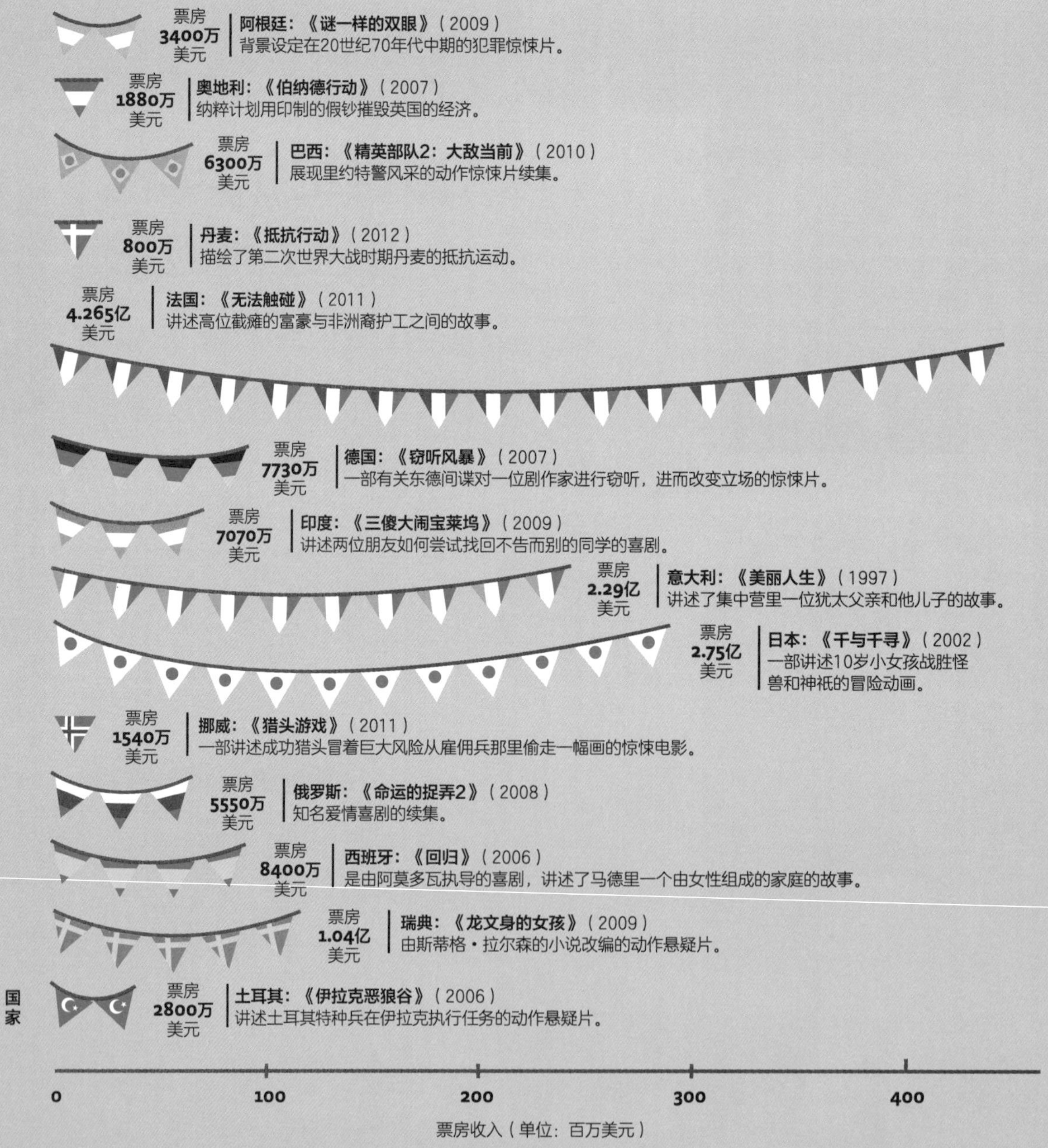

票房 3400万美元
阿根廷：《谜一样的双眼》（2009）
背景设定在20世纪70年代中期的犯罪惊悚片。
票房 1880万美元
奥地利：《伯纳德行动》（2007）
纳粹计划用印制的假钞摧毁英国的经济。
票房 6300万美元
巴西：《精英部队2：大敌当前》（2010）
展现里约特警风采的动作惊悚片续集。
票房 800万美元
丹麦：《抵抗行动》（2012）
描绘了第二次世界大战时期丹麦的抵抗运动。
票房 4.265亿美元
法国：《无法触碰》（2011）
讲述高位截瘫的富豪与非洲裔护工之间的故事。
票房 7730万美元
德国：《窃听风暴》（2007）
一部有关东德间谍对一位剧作家进行窃听，进而改变立场的惊悚片。
票房 7070万美元
印度：《三傻大闹宝莱坞》（2009）
讲述两位朋友如何尝试找回不告而别的同学的喜剧。
票房 2.29亿美元
意大利：《美丽人生》（1997）
讲述了集中营里一位犹太父亲和他儿子的故事。
票房 2.75亿美元
日本：《千与千寻》（2002）
一部讲述10岁小女孩战胜怪兽和神祇的冒险动画。
票房 1540万美元
挪威：《猎头游戏》（2011）
一部讲述成功猎头冒着巨大风险从雇佣兵那里偷走一幅画的惊悚电影。
票房 5550万美元
俄罗斯：《命运的捉弄2》（2008）
知名爱情喜剧的续集。
票房 8400万美元
西班牙：《回归》（2006）
是由阿莫多瓦执导的喜剧，讲述了马德里一个由女性组成的家庭的故事。
票房 1.04亿美元
瑞典：《龙文身的女孩》（2009）
由斯蒂格·拉尔森的小说改编的动作悬疑片。
票房 2800万美元
土耳其：《伊拉克恶狼谷》（2006）
讲述土耳其特种兵在伊拉克执行任务的动作悬疑片。
国家
0
100
200
300
400
票房收入（单位：百万美元）

资料来源：IMDb。已获得使用授权。

# 电影中的披头士和滚石乐队

披头士被很多人看作是有史以来最成功的乐队之一，但是如果除去他们自己的电影，其他电影对他们音乐的使用却并不多。而他们的主要竞争对手滚石乐队的歌曲则频繁出现在各式各样的电影中。

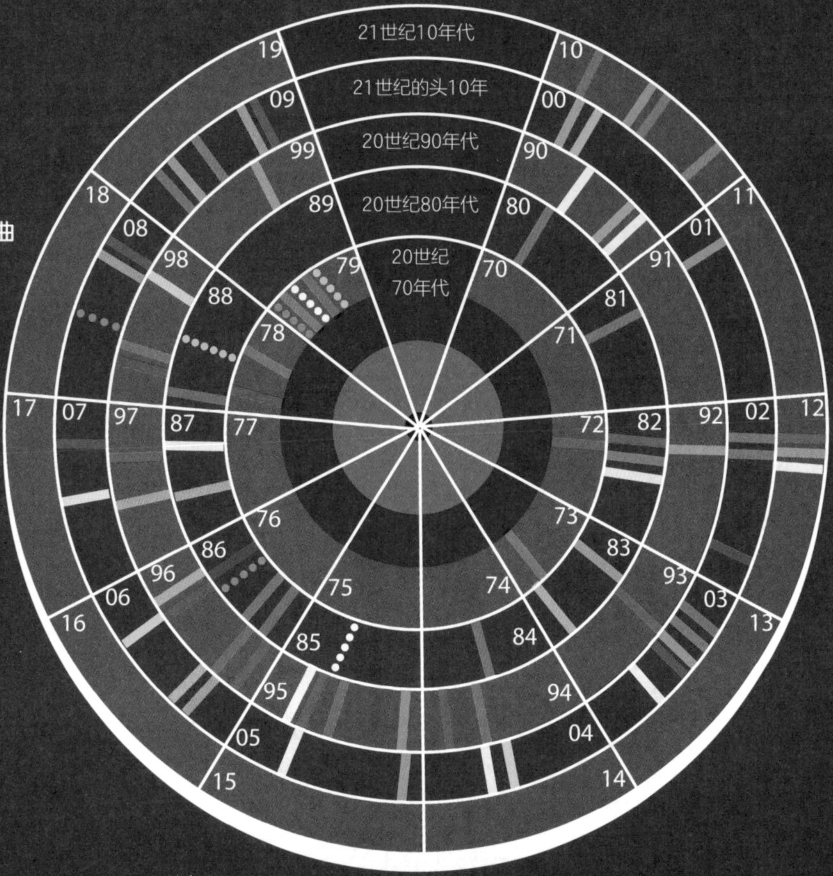


**被两部或更多电影使用过的歌曲**

**披头士乐队**

- Twist And Shout
- I Want To Hold Your Hand
- I Saw Her Standing There

**滚石乐队**

- Sympathy For The Devil
- Gimme Shelter
- Satisfaction
- Jumpin'Jack Flash
- Wild Horses
- Beast Of Burden
- Can't You Hear Me Knocking
- Street Fighting Man
- Shattered
- Miss You
- Let's Spend The Night Together
- You Can't Always Get What You Want
- Play With Fire
- Let It Loose
- 19th Nervous Breakdown
- Paint It Black
- Time Is On My Side
- Waiting On A Friend

滚石乐队 65 首歌曲被 97 部电影采用

披头士乐队 33 首歌曲被 22 部电影采用

资料来源：IMDb。已获得使用授权。

# 爆米花还是新鲜果蔬?

美国研究人员对三大电影院线销售的中号、大号爆米花和汽水套餐所含热量进行了研究，得出的结论是：普通观影者在观看一部电影的过程中可能摄入的热量高达1200～1600卡路里。想象一下如果电影院只提供水果和蔬菜，那该是多么惊人的销售量啊！

资料来源：美国公益科学中心2009年发布的研究报告和卡路里计算网站。

# 出租车还是货运车？

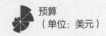

预算
（单位：美元）

主人公的座驾

法国籍编剧、导演兼制片人吕克·贝松不愧是行业中的翘楚。以出租车为主题的电影《的士速递系列》在欧洲大获成功之后，他又在美国和欧洲市场开启了一个有关货运车的《非常人贩系列》，两个系列实际上有很多相似之处……

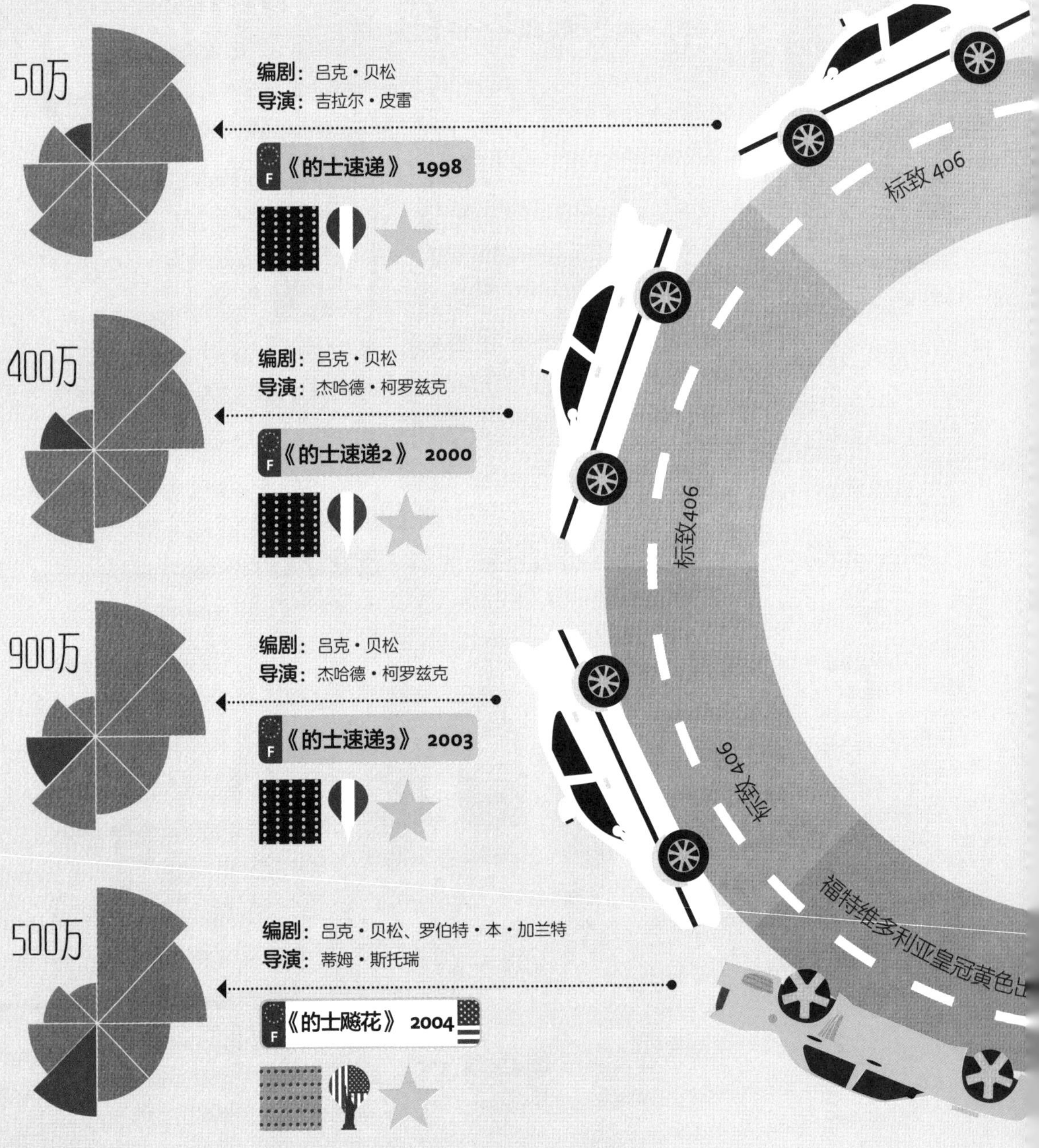

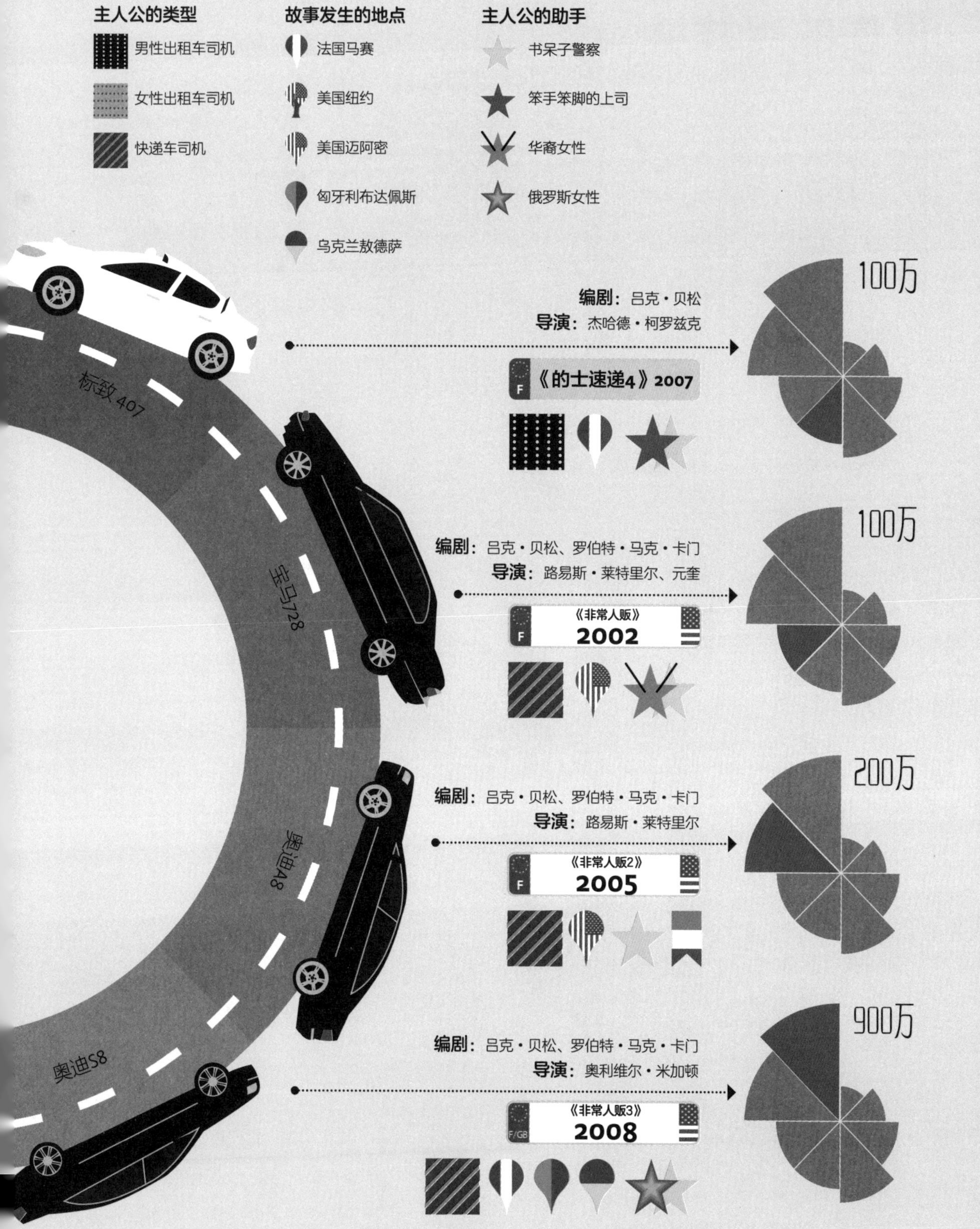
主人公的类型
男性出租车司机
女性出租车司机
快递车司机
故事发生的地点
法国马赛
美国纽约
美国迈阿密
匈牙利布达佩斯
乌克兰敖德萨
主人公的助手
书呆子警察
笨手笨脚的上司
华裔女性
俄罗斯女性
标致 407
编剧：吕克·贝松
导演：杰哈德·柯罗兹克
《的士速递4》2007
100万
宝马728
编剧：吕克·贝松、罗伯特·马克·卡门
导演：路易斯·莱特里尔、元奎
《非常人贩》
2002
100万
奥迪A8
编剧：吕克·贝松、罗伯特·马克·卡门
导演：路易斯·莱特里尔
《非常人贩2》
2005
200万
奥迪S8
编剧：吕克·贝松、罗伯特·马克·卡门
导演：奥利维尔·米加顿
《非常人贩3》
2008
F/GB
900万

# 进击的克林特

克林特·伊斯特伍德先后出演过67部电影。在大多数影片中，他所扮演的角色身体上都遭受了严重的伤害，但是仅在3部电影（《牡丹花下》《天涯父子情》《老爷车》）里不幸身亡，在其他电影中都能够痊愈。这里我们列举了他受伤的部位和次数。

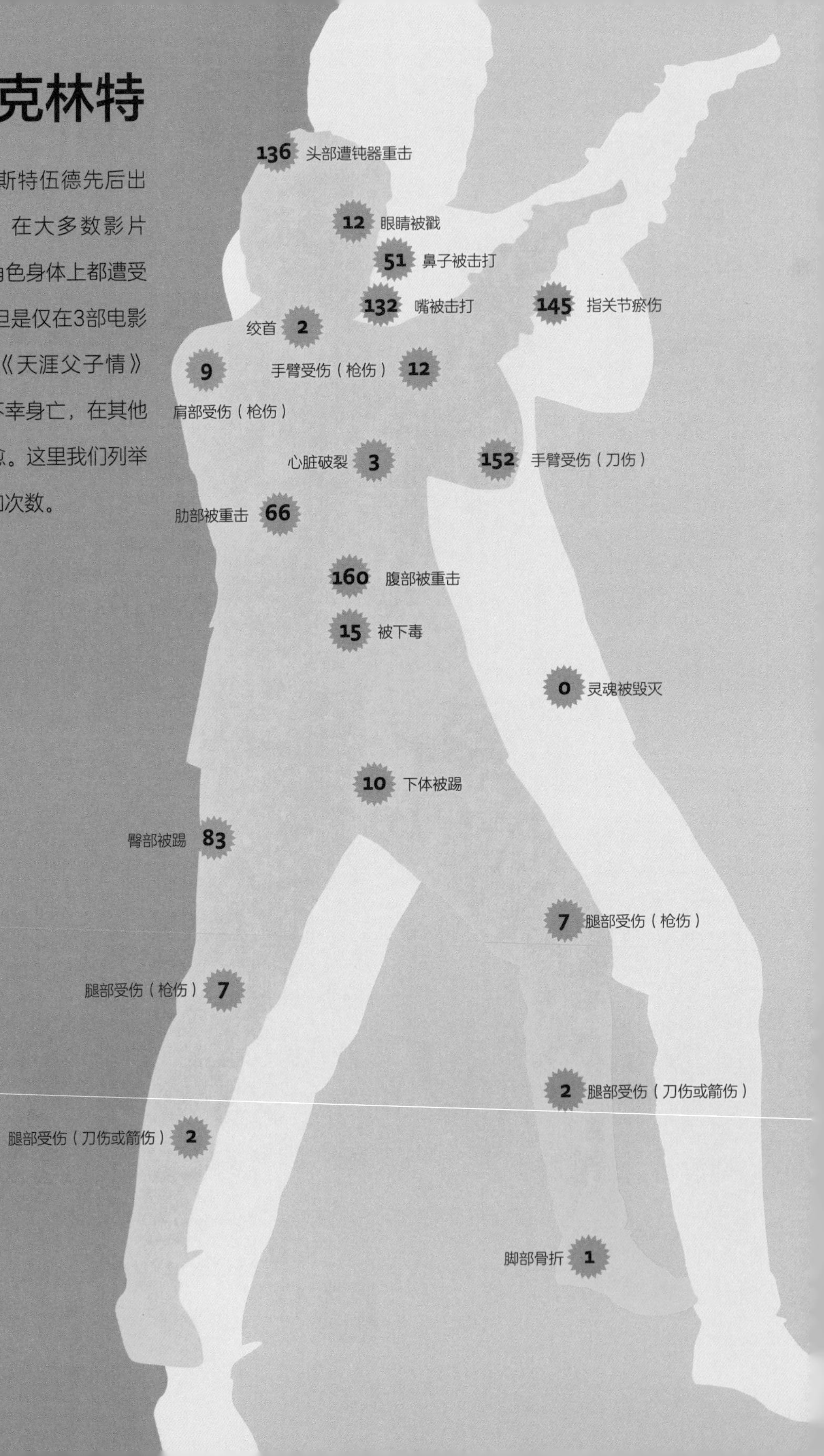




仅为估算次数。

# 天堂之门

什么年龄的演员最适合在电影中扮演神祇呢？我们汇总了所有曾经在主要电影中扮演过上帝、耶稣、宙斯和猫王的演员的情况，并计算了他们的平均年龄。

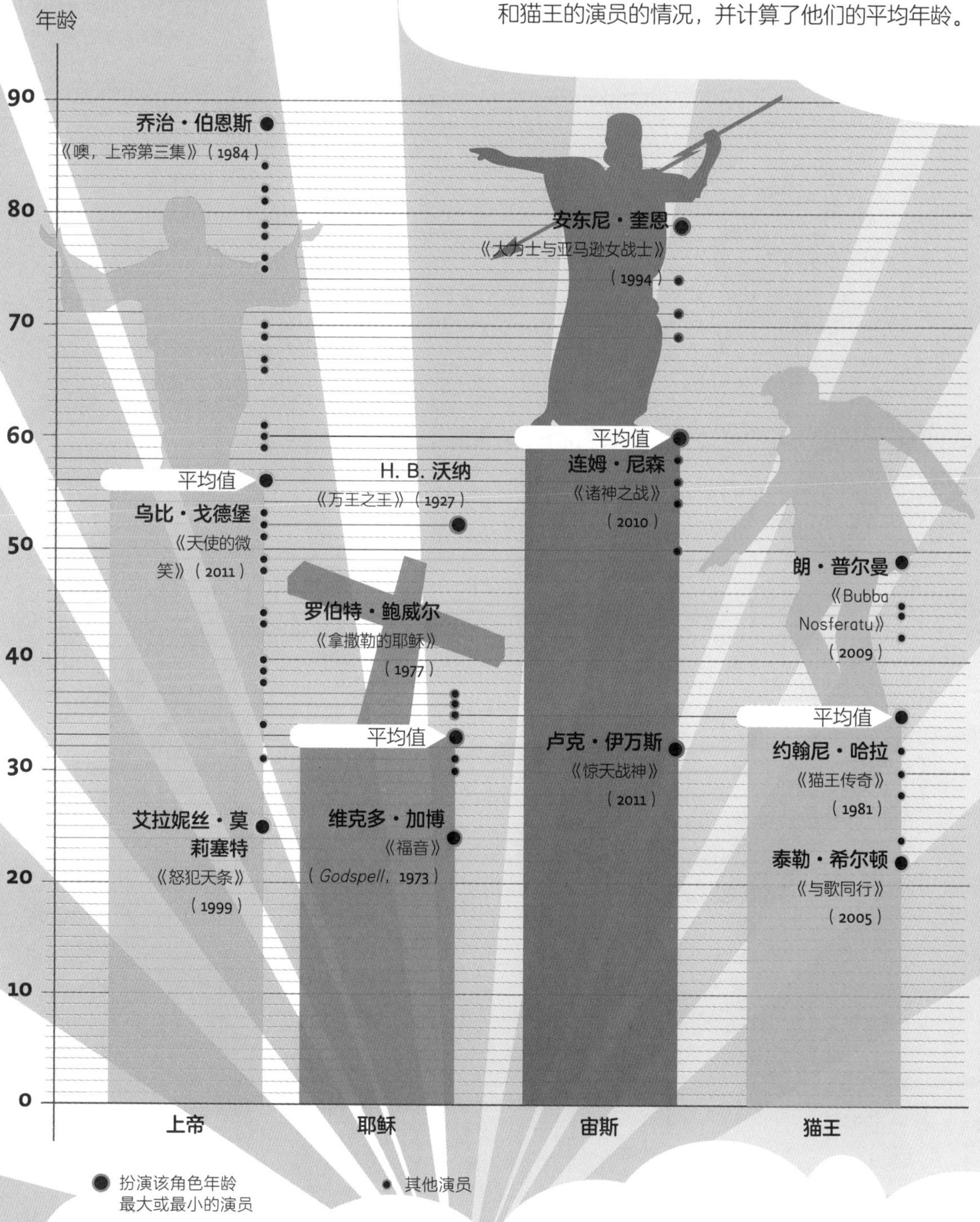

# 分配不均

1995—2012年，按票房计算，6家电影发行公司的业绩之和占据了75%以上的美国市场。这6家公司发行了超过2500部电影，收入之和超过1440亿美元。

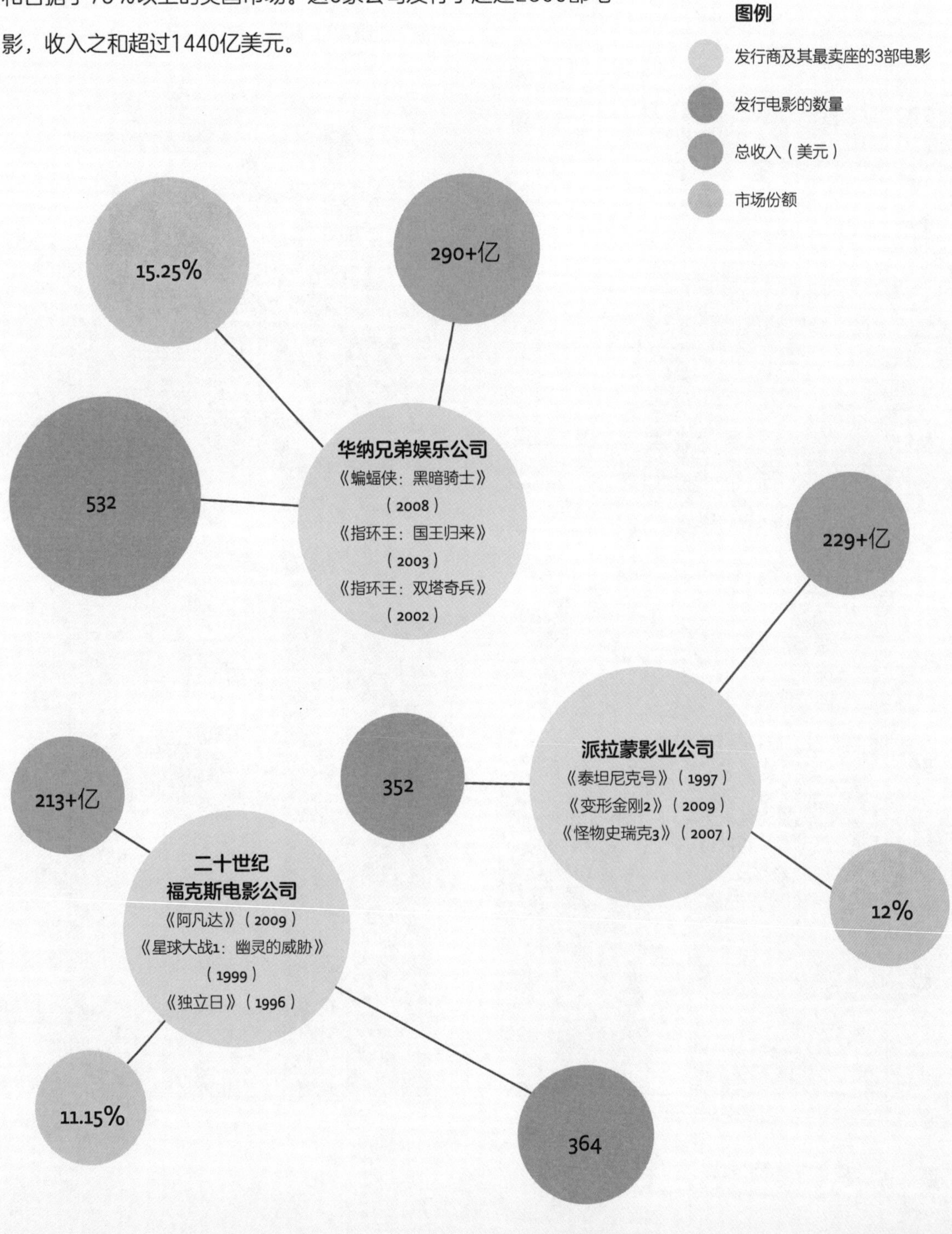

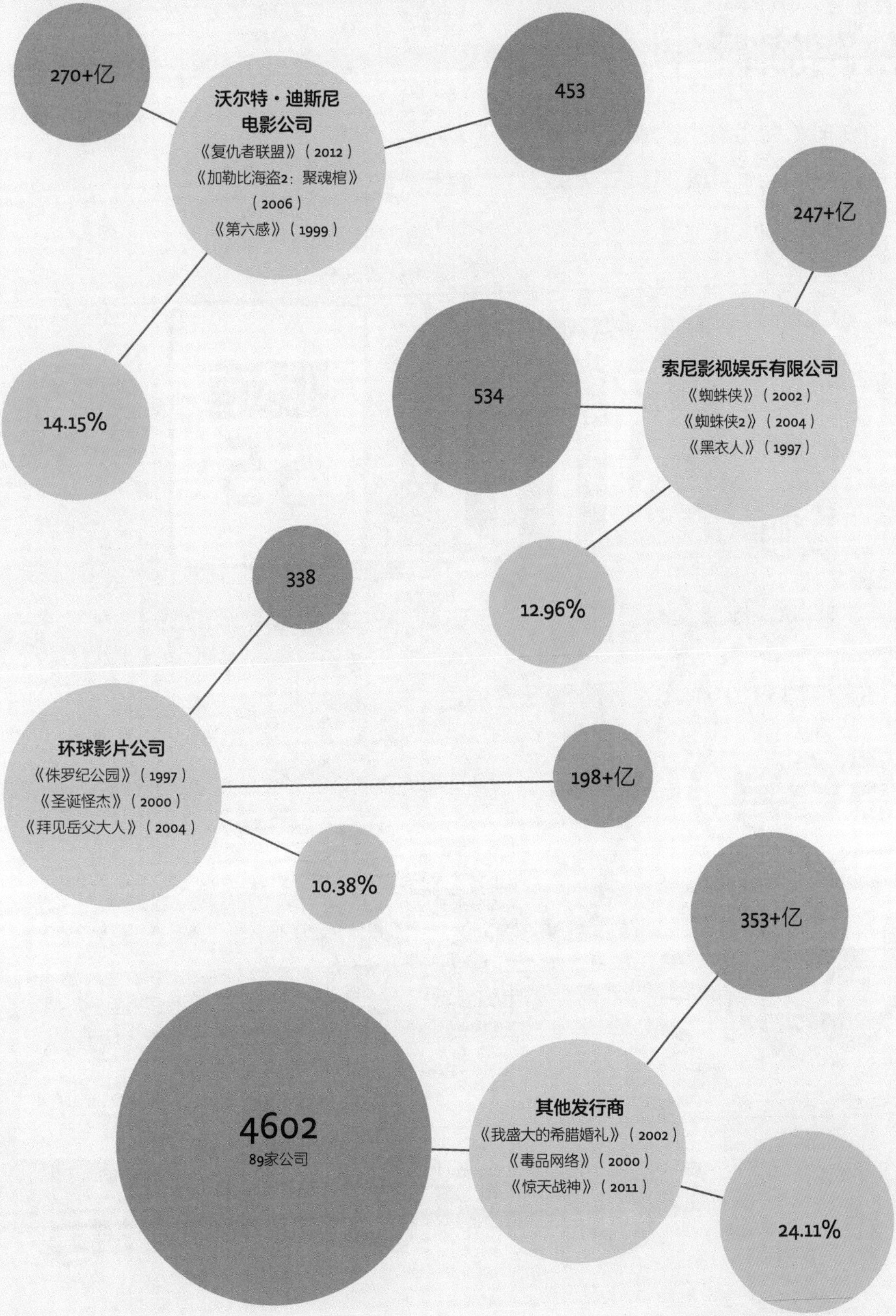
270+亿
沃尔特·迪斯尼
电影公司
《复仇者联盟》（2012）
《加勒比海盗2：聚魂棺》
（2006）
《第六感》（1999）
453
14.15%
247+亿
534
索尼影视娱乐有限公司
《蜘蛛侠》（2002）
《蜘蛛侠2》（2004）
《黑衣人》（1997）
338
12.96%
环球影片公司
《侏罗纪公园》（1997）
《圣诞怪杰》（2000）
《拜见岳父大人》（2004）
198+亿
10.38%
353+亿
4602
89家公司
其他发行商
《我盛大的希腊婚礼》（2002）
《毒品网络》（2000）
《惊天战神》（2011）
24.11%

资料来源：the-numbers网站。

# 公路旅行

他们都要去哪儿呢？《逍遥骑士》《上天下地大追击》《末路狂花》《在路上》这4部电影带着观众们穿越了整个美国。

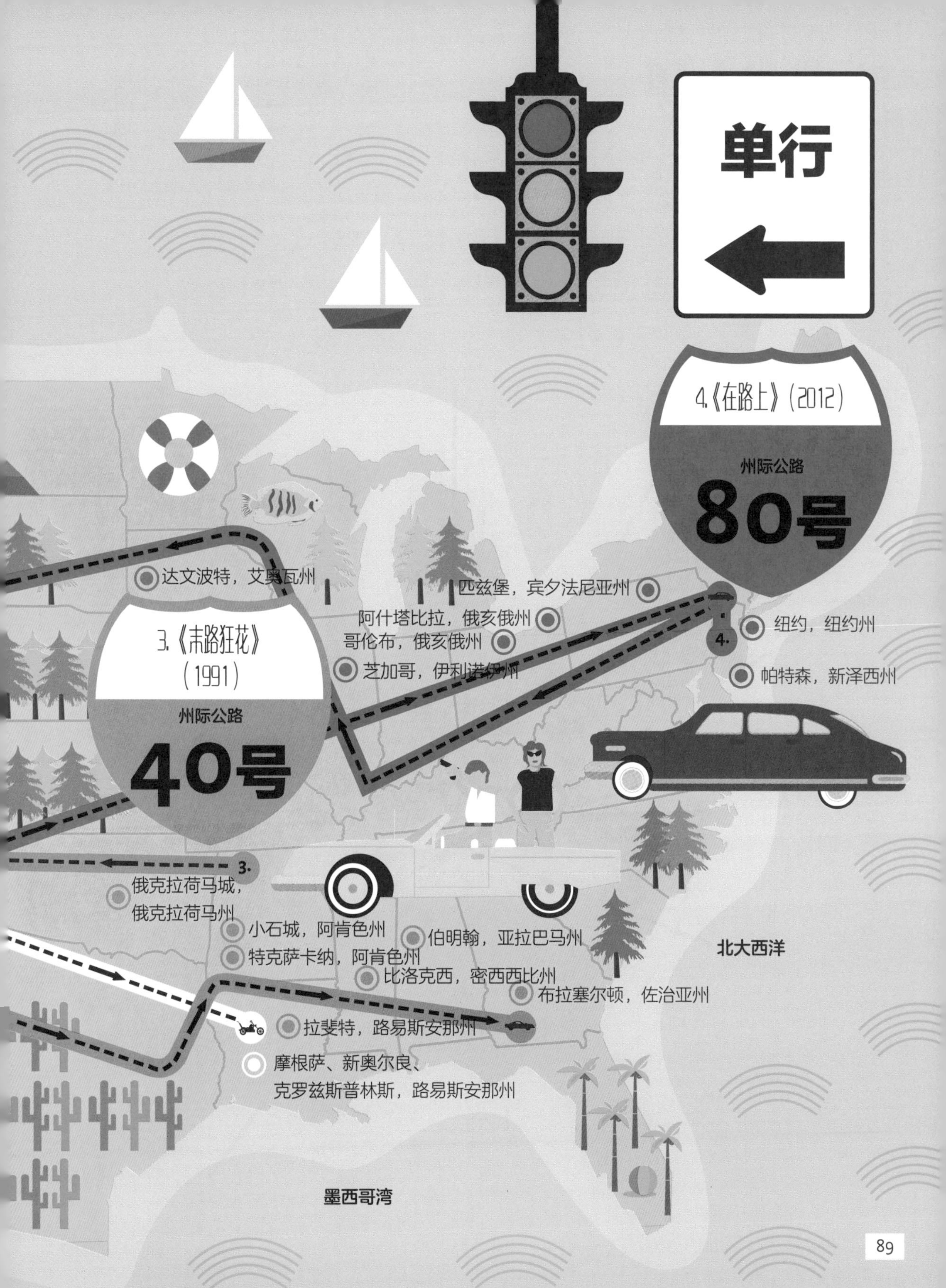

单行
4.《在路上》(2012)
州际公路
80号
达文波特，艾奥瓦州
匹兹堡，宾夕法尼亚州
阿什塔比拉，俄亥俄州
哥伦布，俄亥俄州
芝加哥，伊利诺伊州
纽约，纽约州
帕特森，新泽西州
3.《末路狂花》
(1991)
州际公路
40号
俄克拉荷马城，
俄克拉荷马州
小石城，阿肯色州
特克萨卡纳，阿肯色州
伯明翰，亚拉巴马州
比洛克西，密西西比州
布拉塞尔顿，佐治亚州
拉斐特，路易斯安那州
摩根萨、新奥尔良、
克罗兹斯普林斯，路易斯安那州
北大西洋
墨西哥湾

# 间谍的故事

以代号007的詹姆斯·邦德为主角的电影（改编自12本小说和2部短片故事集）在20世纪60年代初期取得了巨大的成功。随后，电视和电影屏幕上都出现了许多同类型的作品。这些作品要么由其他描写间谍生涯的文学作品改编而来，要么干脆是007影视作品的衍生作品。

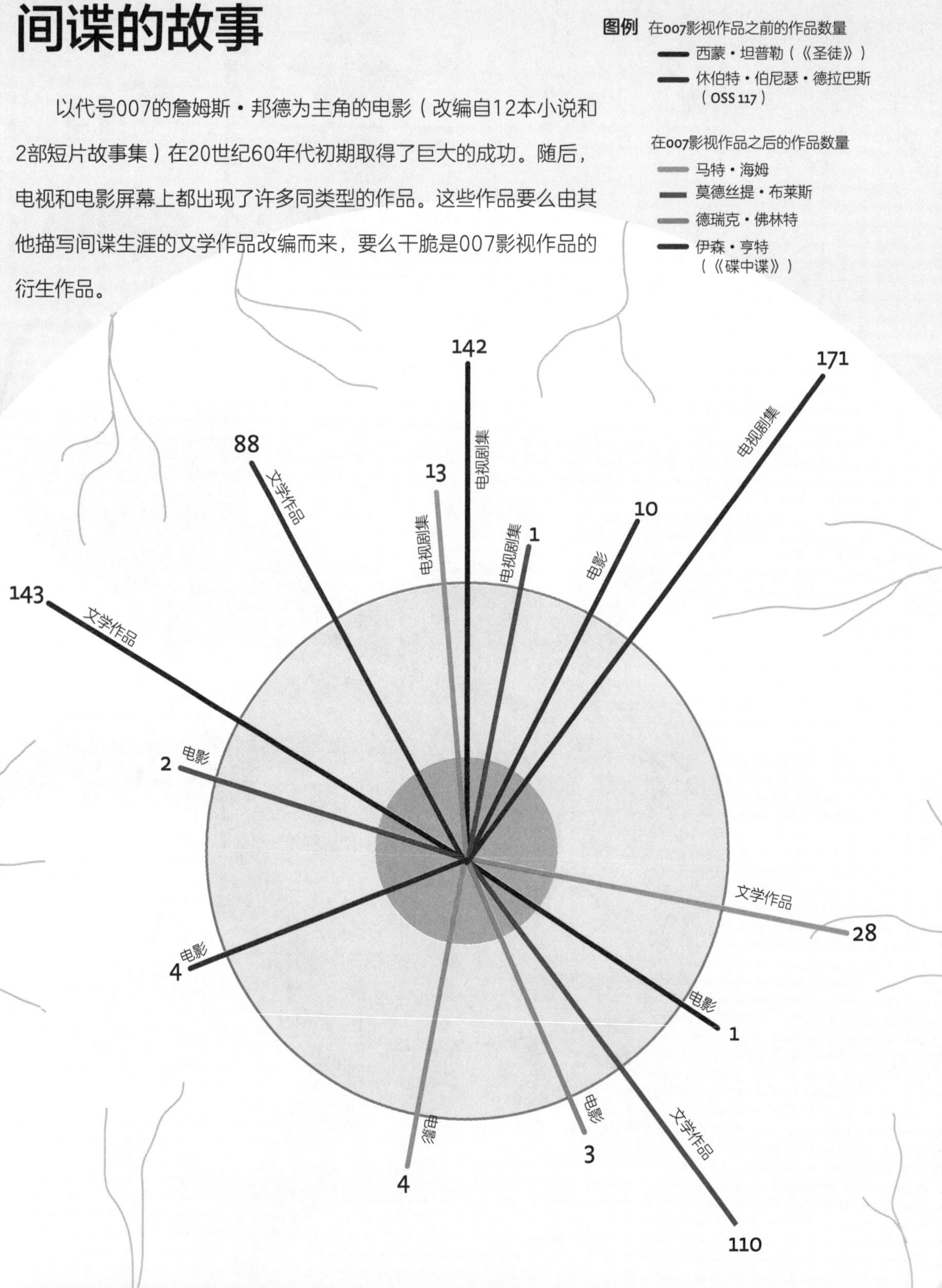




资料来源：IMDb。已获得使用授权。

# 银幕上的美国总统

美国总统的形象也是好莱坞电影中的常客。这里我们列举了“参与”三部以上电影的历任总统。

乔治·华盛顿
（1789—1797）

安德鲁·杰克逊
（1829—1837）
★查尔顿·赫斯顿（2）

亚伯拉罕·林肯
（1861—1865）
★小弗兰克·麦格林（3）

尤利西斯·S. 格兰特
（1869—1877）

西奥多·罗斯福
（1901—1909）
★罗宾·威廉姆斯

富兰克林·德拉诺·罗斯福
（1933—1945）
★杰克·杨（4）

哈里·S. 杜鲁门
（1945—1953）

德怀特·艾森豪威尔
（1953—1961）

约翰·F. 肯尼迪
（1961—1963）
★布雷特·史泰利（2）

林登·B. 约翰逊
（1963—1969）

理查德·尼克松
（1969—1974）

杰拉尔德·福特
（1974—1977）

罗纳德·里根
（1981—1989）
★杰伊·科赫（3）

乔治·H. 布什
（1989—1993）

比尔·克林顿
（1993—2001）

乔治·W. 布什
（2001—2009）

★不止一次扮演过总统的演员（次数）

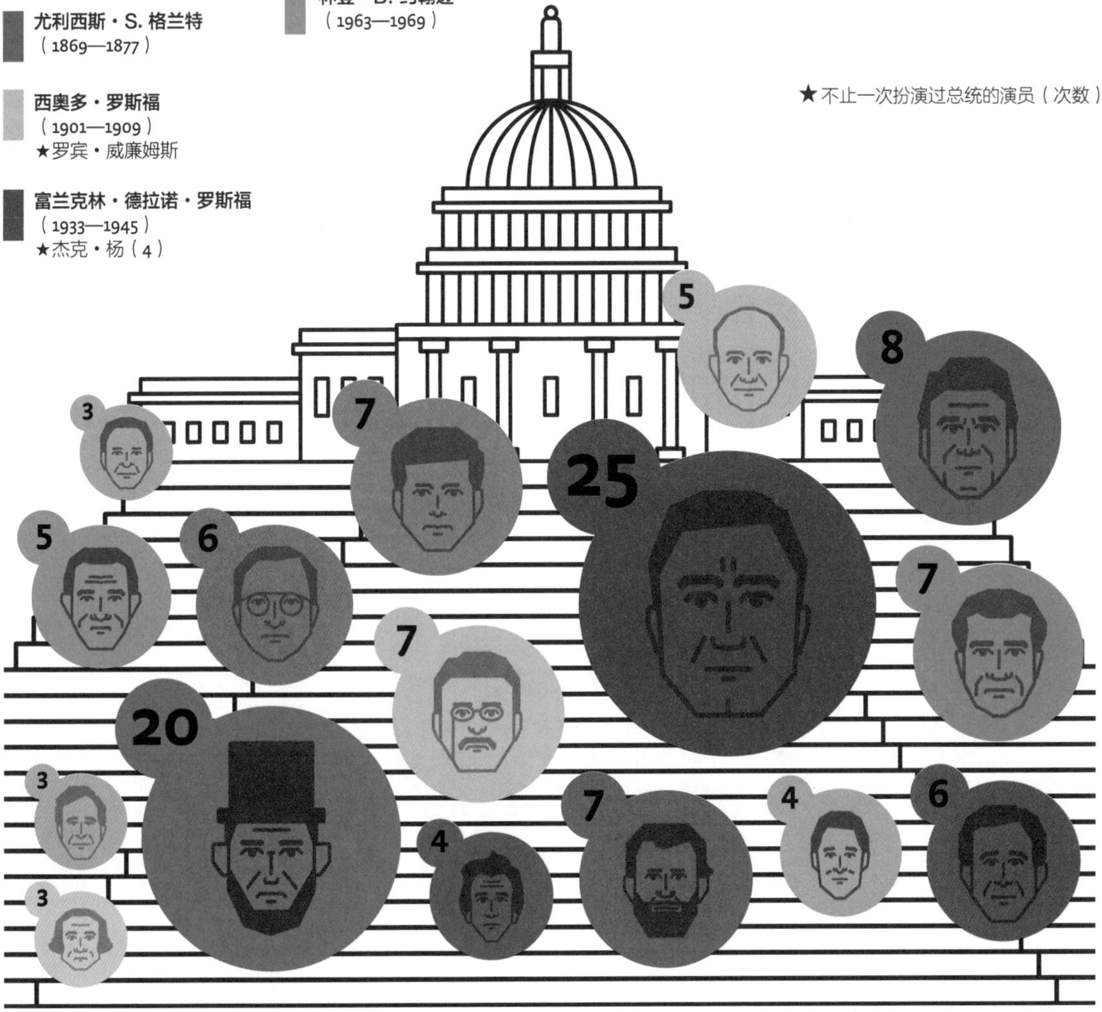

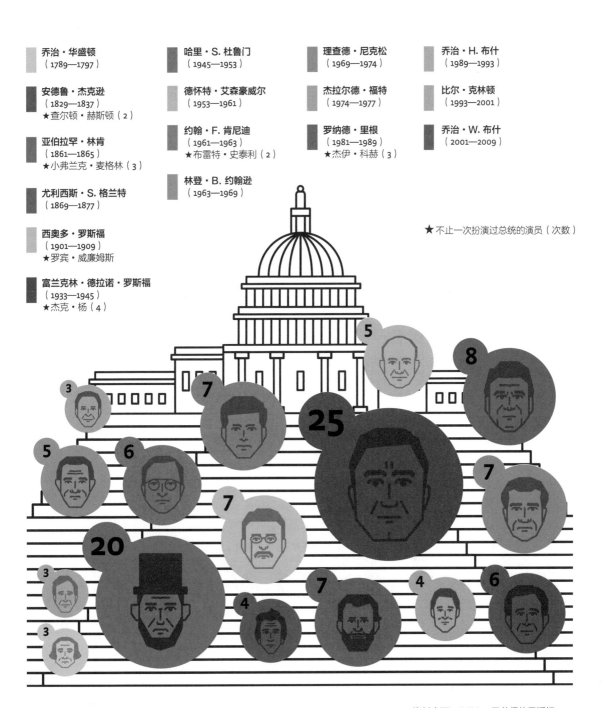

资料来源：IMDb。已获得使用授权。

# 好莱坞最炙手可热的明星（第2部分）

这里我们列举了全美票房成绩排名前六的女明星。西格妮·韦弗在《阿凡达》（目前票房已超过7.6亿美元）和凯茜·贝茨在《泰坦尼克号》中的角色帮助她们杀进了六强。如果不考虑这两部电影，排名第五和第六的分别是凯特·布兰奇特（生涯总票房20.03亿美元）和安妮·海瑟薇（生涯总票房19亿美元）。

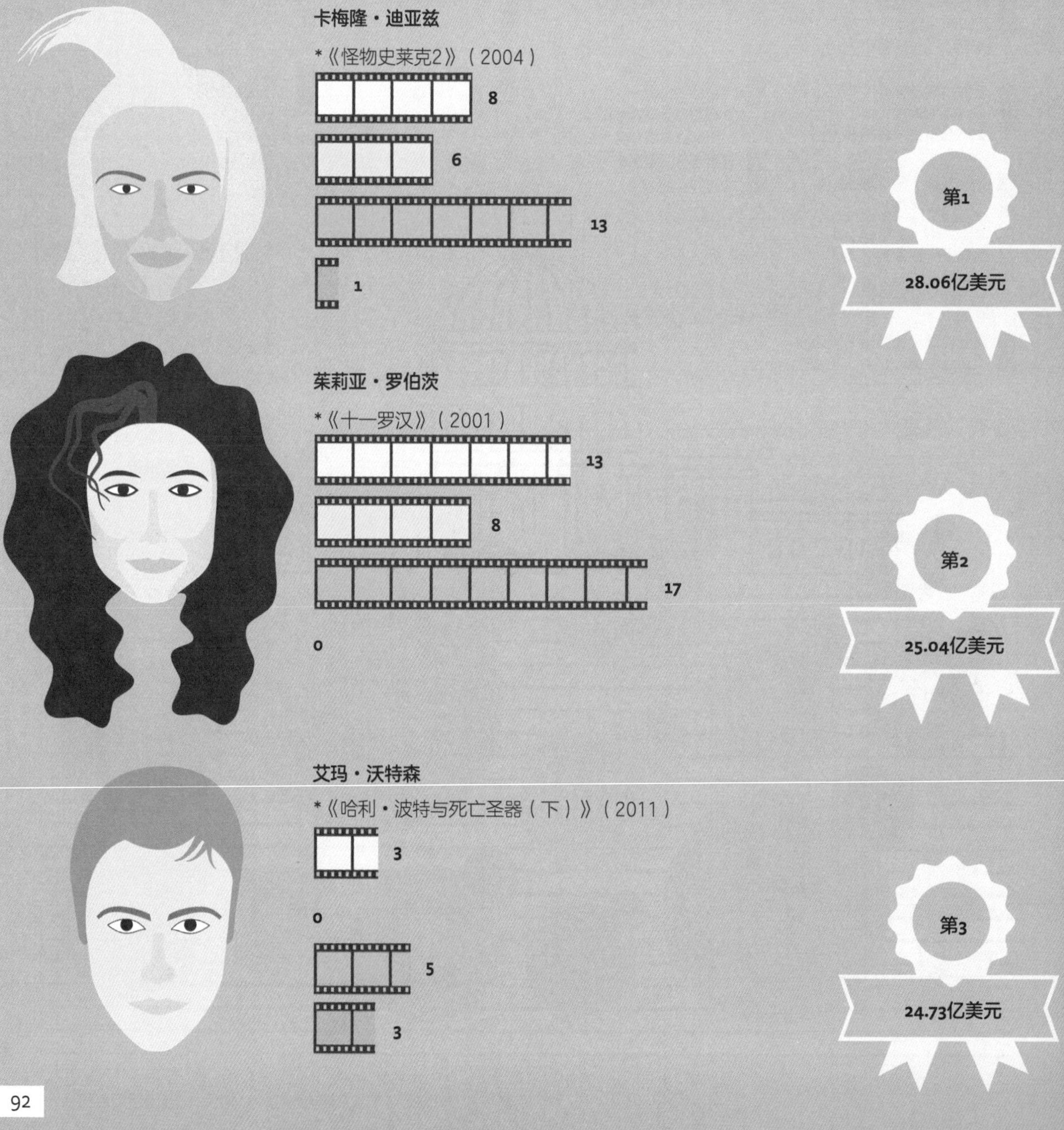

**图例**

- 票房收入**0～3300**万美元的电影
- 票房收入**6700**万～**2.99**亿美元的电影
- 票房收入**3400**万～**6600**万美元的电影
- 获得巨大成功的电影（票房**3**亿美元以上）

*=此明星票房收入最高的电影及上映年份

**海伦娜·伯翰·卡特**

*《哈利·波特与死亡圣器（下）》（2011）

**西格妮·韦弗**

*《阿凡达》（2009）

**凯西·贝茨**

*《泰坦尼克号》（1997）

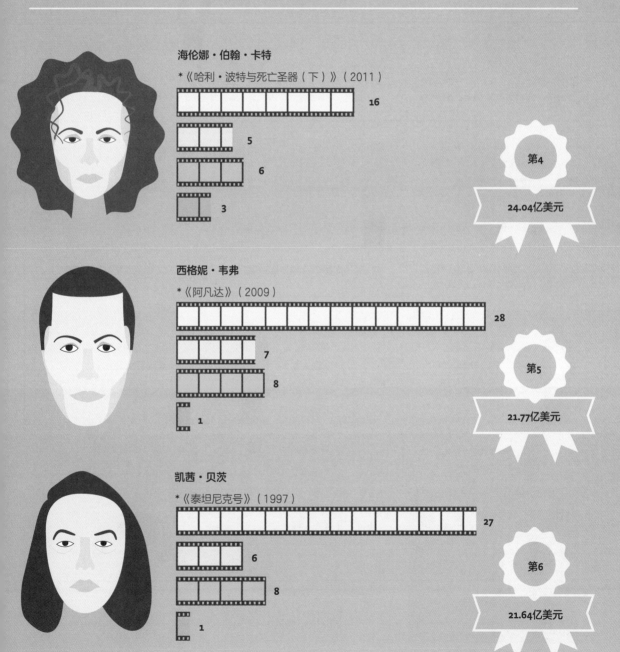

资料来源：Box Office Mojo。已获得使用授权。

# 幻想出来的朋友

电影中有哪些只存在于幻象中的朋友呢？他们之间又有着怎样奇怪的联系？图中列出了6种幻想的朋友及其相关电影（含上映年代）等信息。

* 1英尺约为0.3米。

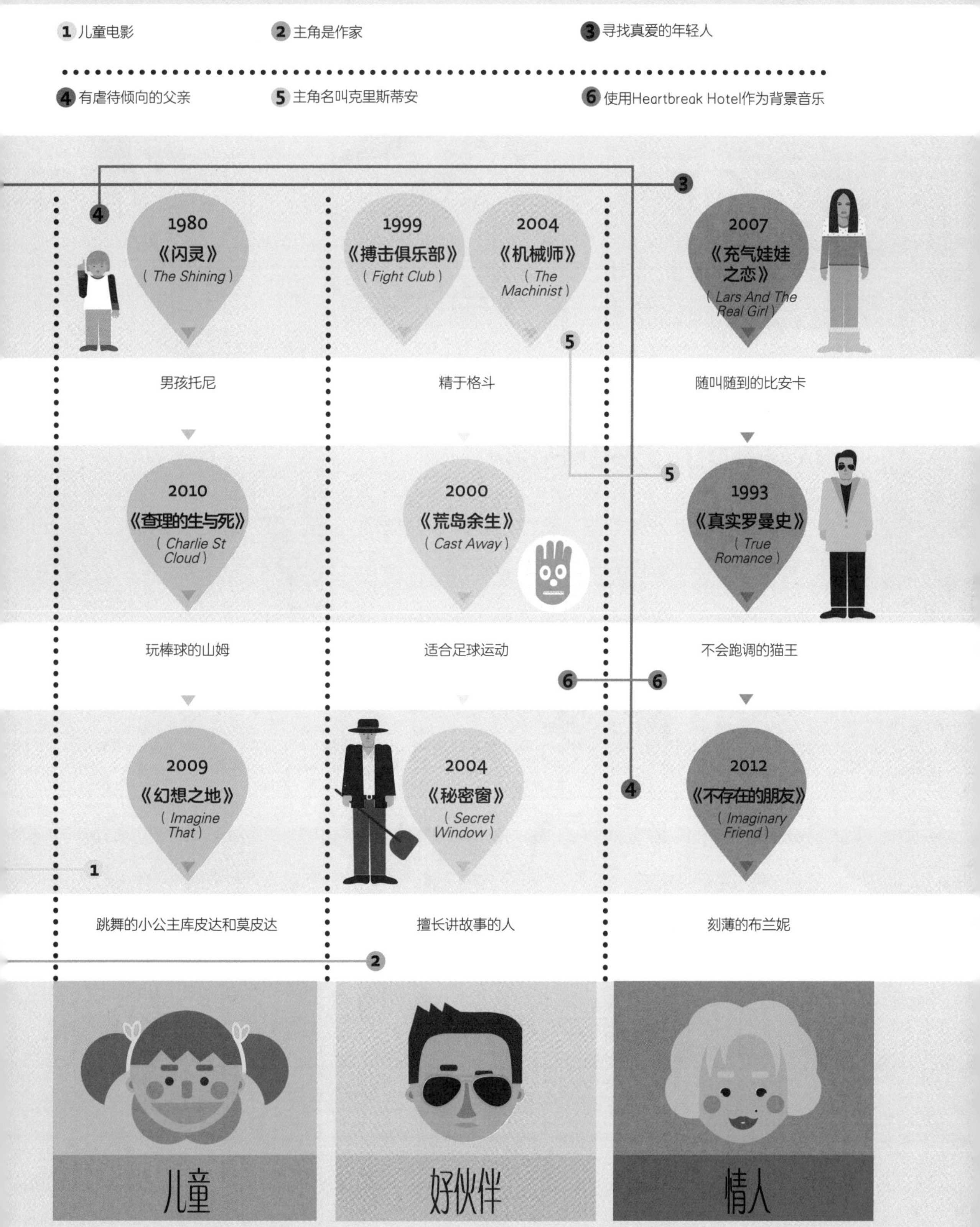

1 儿童电影
2 主角是作家
3 寻找真爱的年轻人
4 有虐待倾向的父亲
5 主角名叫克里斯蒂安
6 使用Heartbreak Hotel作为背景音乐
1980 《闪灵》（The Shining）
男孩托尼
2010 《查理的生与死》（Charlie St Cloud）
玩棒球的山姆
2009 《幻想之地》（Imagine That）
跳舞的小公主库皮达和莫皮达
1999 《搏击俱乐部》（Fight Club）
2004 《机械师》（The Machinist）
精于格斗
2000 《荒岛余生》（Cast Away）
适合足球运动
2004 《秘密窗》（Secret Window）
擅长讲故事的人
2007 《充气娃娃之恋》（Lars And The Real Girl）
随叫随到的比安卡
1993 《真实罗曼史》（True Romance）
不会跑调的猫王
2012 《不存在的朋友》（Imaginary Friend）
刻薄的布兰妮
儿童
好伙伴
情人

# 21世纪第一个10年的经典电影

请通过这些图片回想21世纪第一个10年的10部经典佳作的名字。图中还提供了每部电影名的第一个字。

答案见第152页

# 年龄问题

欣赏电影需要我们放下现实世界中的所有成见和怀疑，特别是当你被要求扮演影片中主角的父亲或者母亲时。

扮演母亲的演员年龄

扮演父亲的演员年龄

扮演子女的演员年龄

2 扮演子女和父母的演员的年龄差

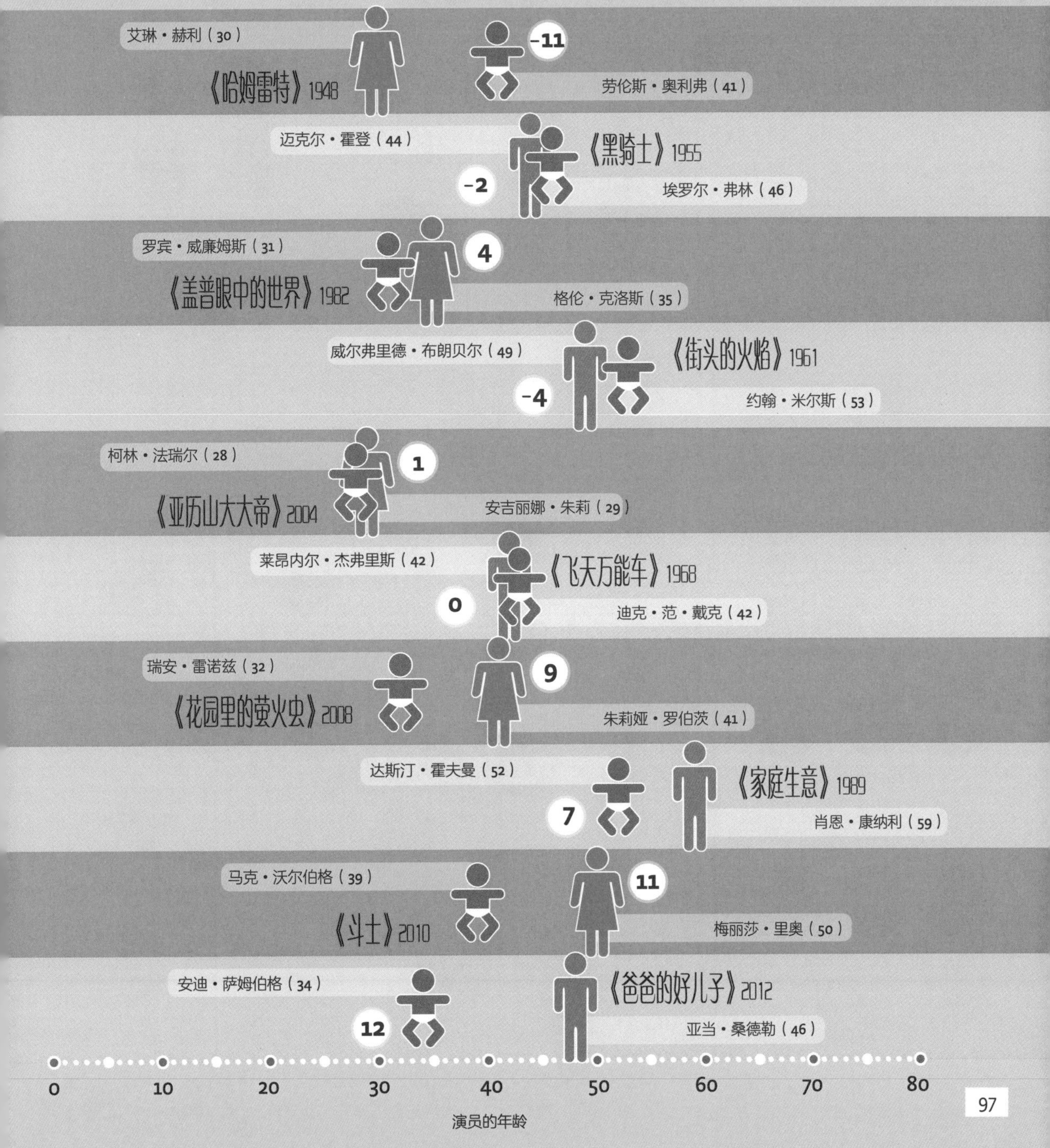

# 火热的天气预报

炎热天气也是电影的重要组成部分，我们挑选了一部分这样的美国电影，同时列出了情节发生的地点及天气在电影中发挥的作用。

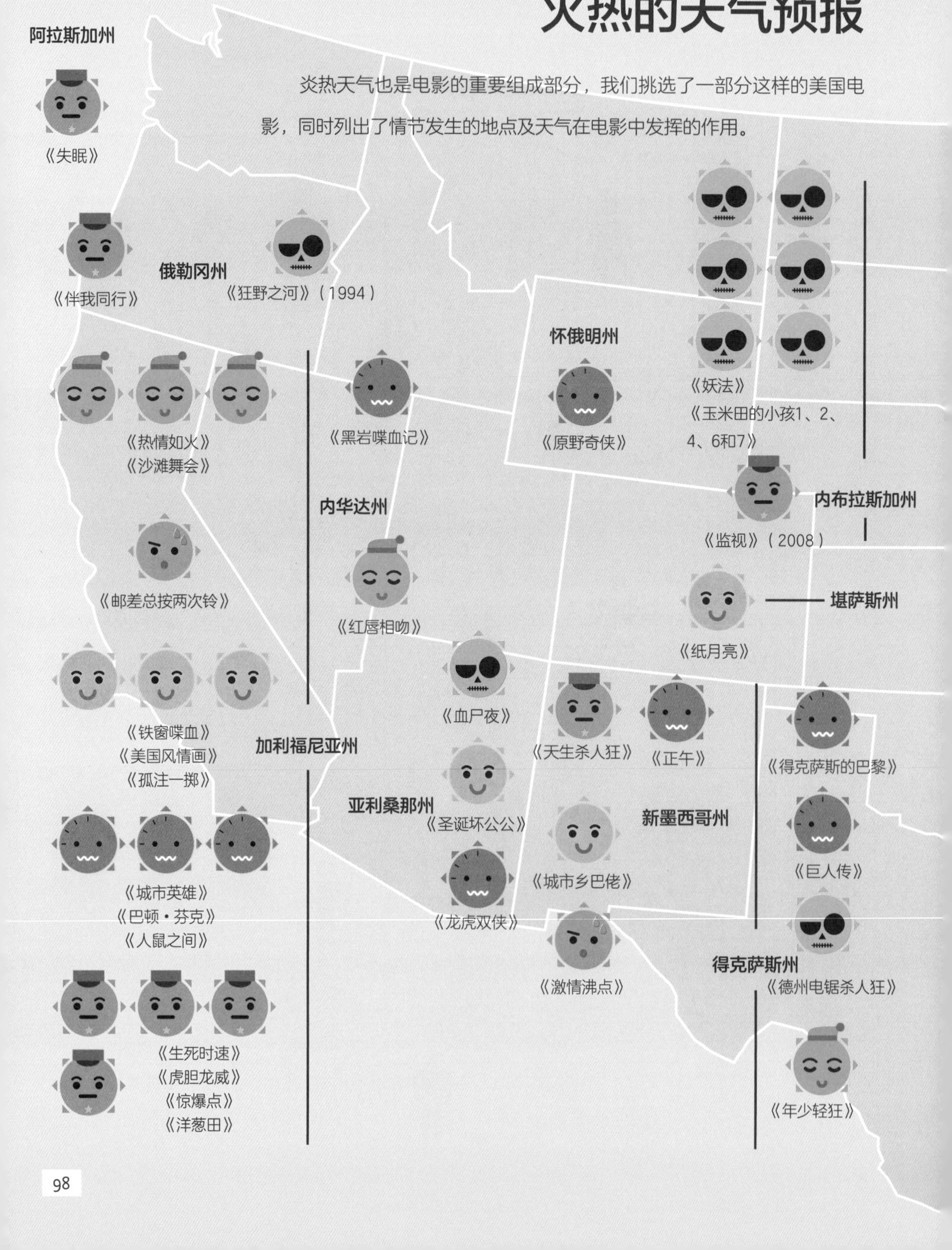

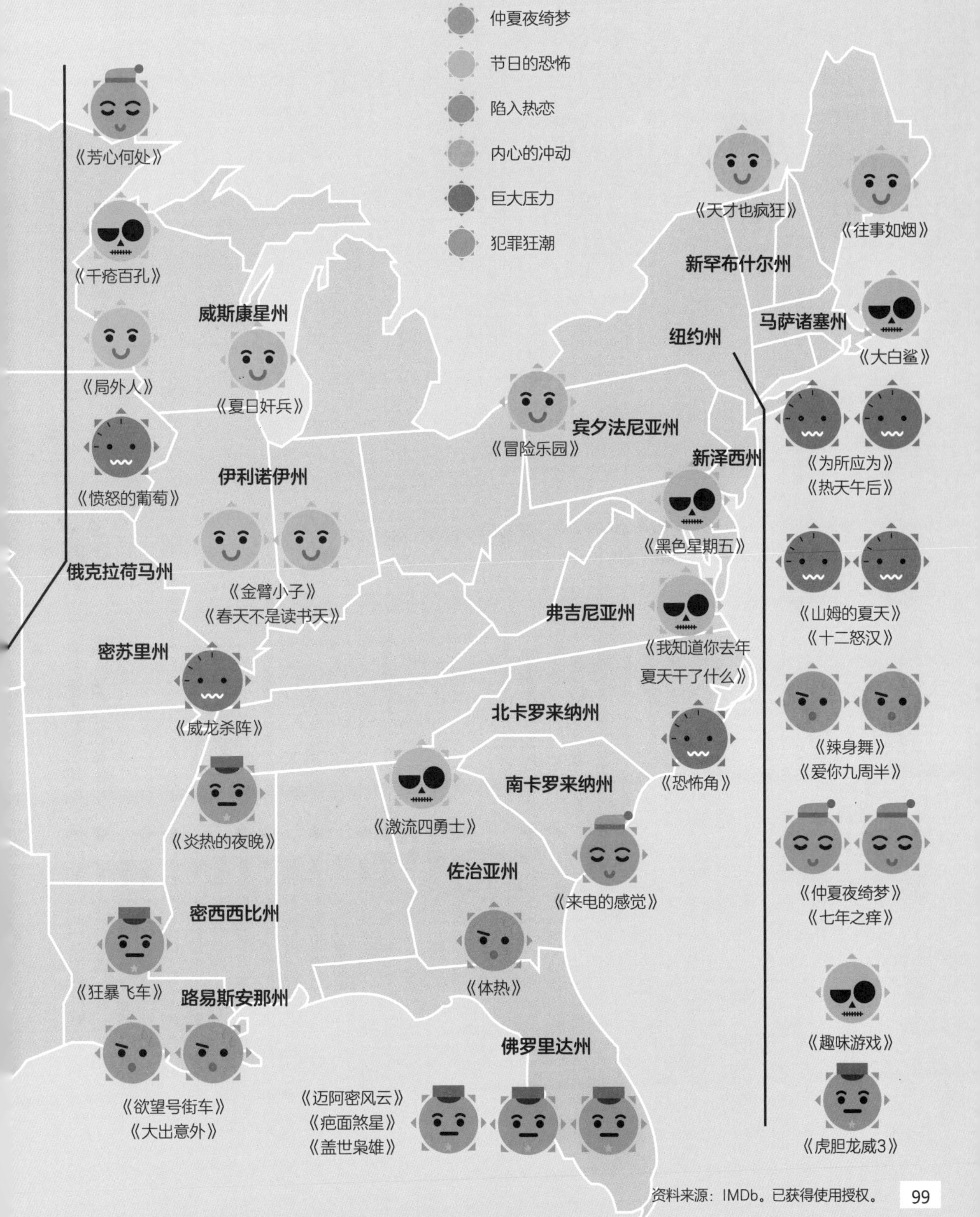
仲夏夜绮梦
节日的恐怖
陷入热恋
内心的冲动
巨大压力
犯罪狂潮
《芳心何处》
《千疮百孔》
《局外人》
《愤怒的葡萄》
威斯康星州
《夏日奸兵》
伊利诺伊州
《金臂小子》
《春天不是读书天》
俄克拉荷马州
密苏里州
《威龙杀阵》
《炎热的夜晚》
密西西比州
《狂暴飞车》
路易斯安那州
《欲望号街车》
《大出意外》
《冒险乐园》
宾夕法尼亚州
新泽西州
《黑色星期五》
弗吉尼亚州
《我知道你去年
夏天干了什么》
北卡罗来纳州
《恐怖角》
《激流四勇士》
南卡罗来纳州
《来电的感觉》
佐治亚州
《体热》
佛罗里达州
《迈阿密风云》
《疤面煞星》
《盖世枭雄》
《天才也疯狂》
新罕布什尔州
《往事如烟》
马萨诸塞州
《大白鲨》
纽约州
《为所应为》
《热天午后》
《山姆的夏天》
《十二怒汉》
《辣身舞》
《爱你九周半》
《仲夏夜绮梦》
《七年之痒》
《趣味游戏》
《虎胆龙威3》

资料来源：IMDb。已获得使用授权。

# 弗朗西斯·福特·科波拉的银幕人生

这位美国导演、编剧和制片厂的所有者在他长达50年的职业生涯中一共参与了72部电影*的制作。其中包含不少举世闻名的佳作（如《教父三部曲》《现代启示录》等），但也有一些不那么出名的作品。

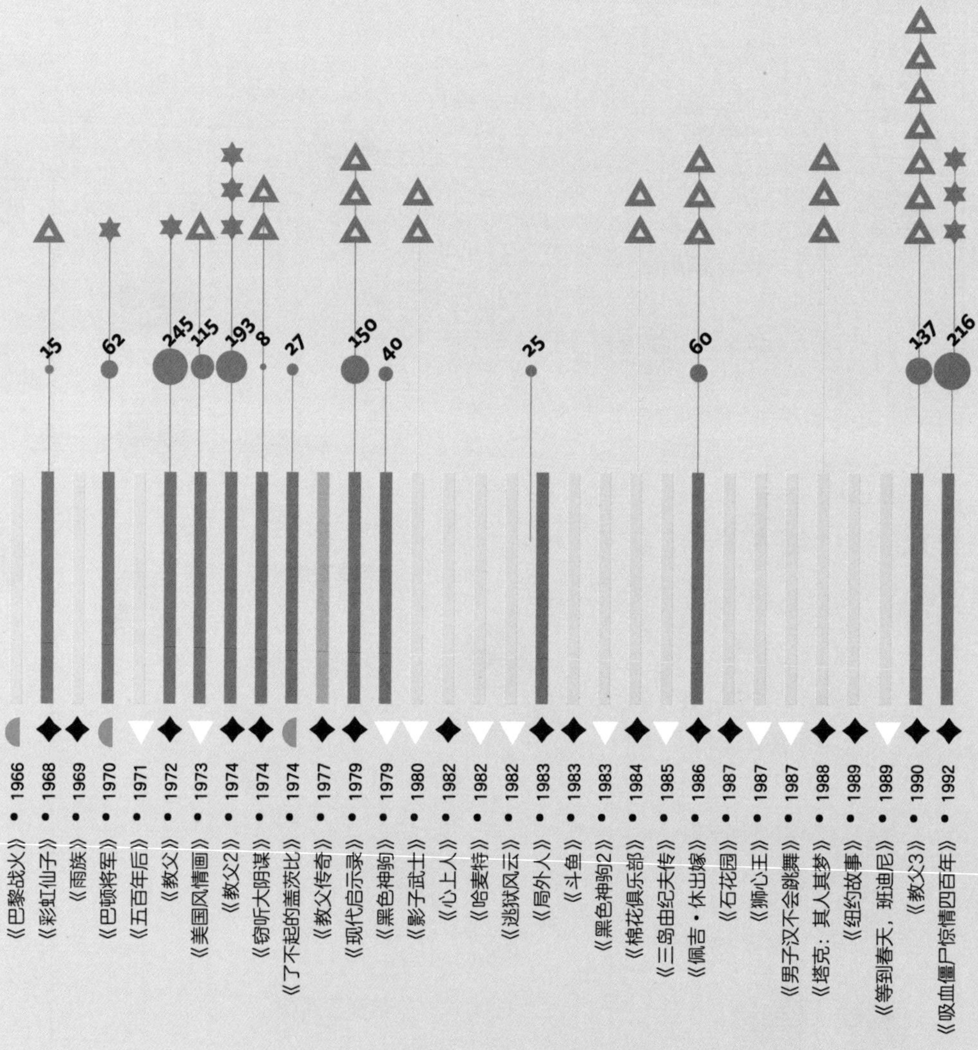

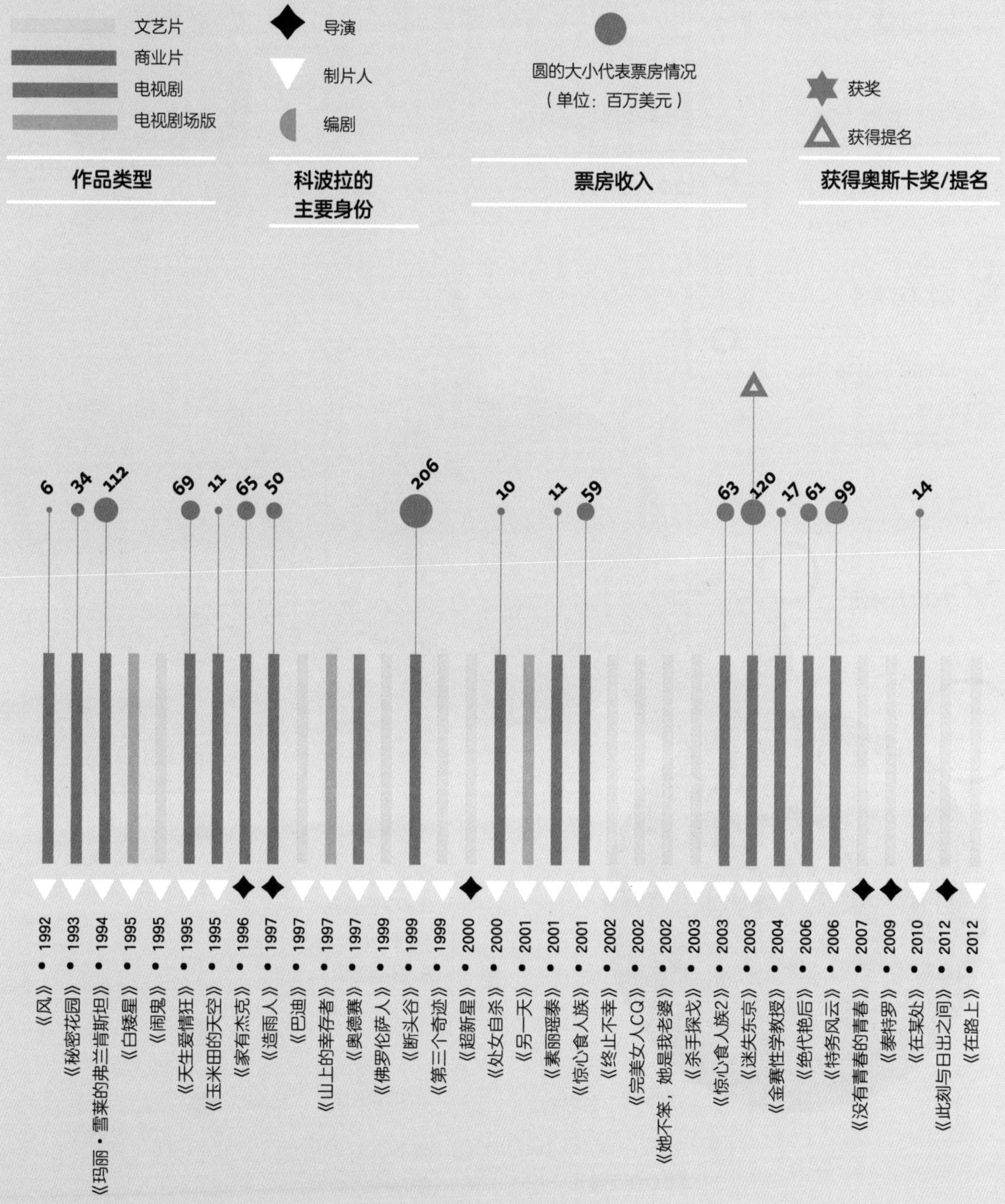


* 不含投入成本较低的4部电影。

资料来源：IMDb。已获得使用授权。

# 投资电影

有5部电影的翻拍版大获成功，不但实现了两倍以上成本的票房，盈利水平也远远超过了原版电影。

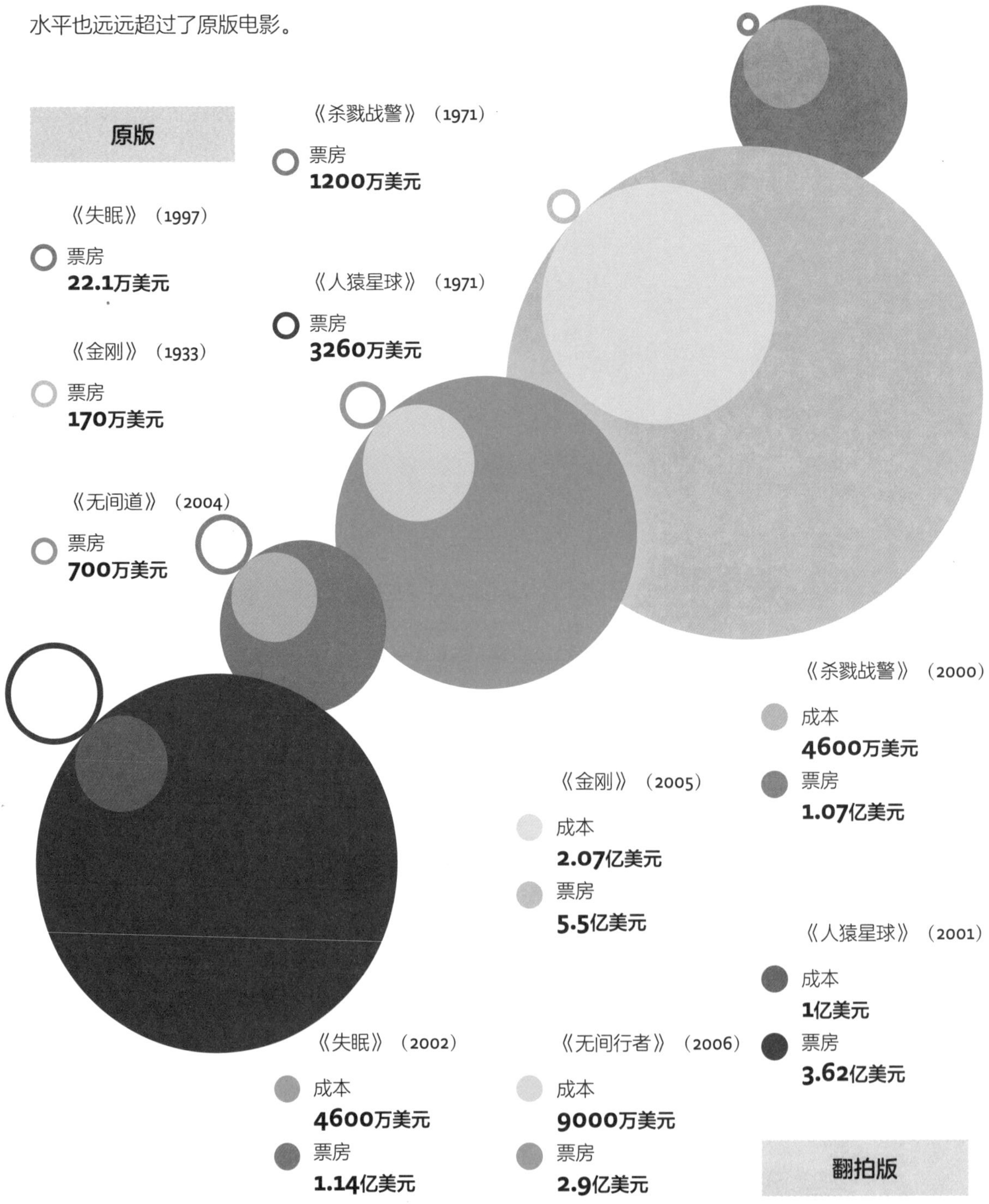


 资料来源：IMDb。已获得使用授权。

# 机器人能否成为人类？

想在银幕上扮演令人信服的机器人角色绝不是一件简单的事情，但是如果能够做到这一点，演员往往能够在演艺生涯中迈出巨大的一步。这里我们列举了其中的翘楚、他们所扮演的令人无法忘怀角色，以及在此之后他们出演的影视剧。

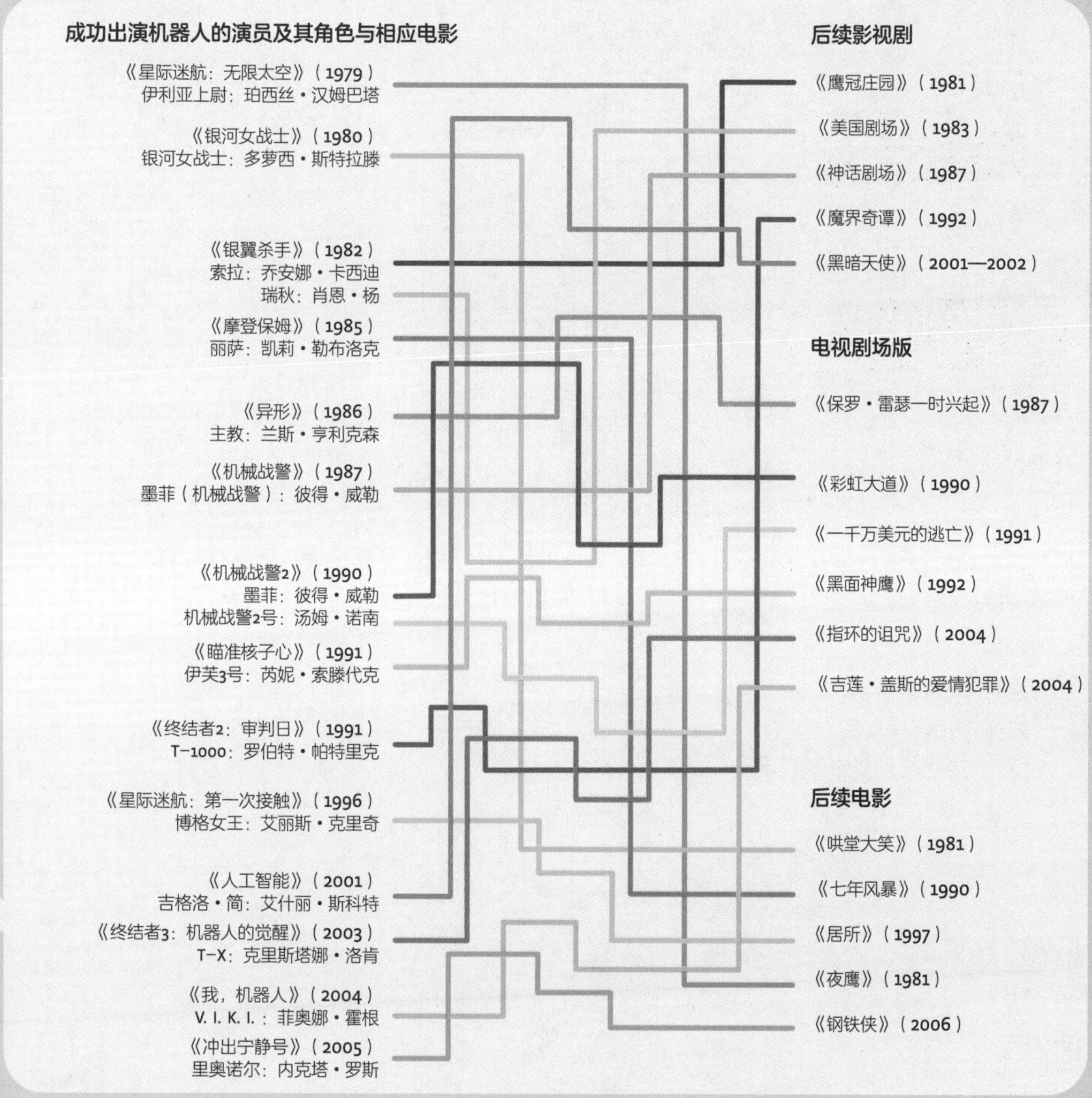

# 最古老的恒星放出最璀璨的光芒

从《星球大战》开始，时空旅行主题的系列科幻电影就层出不穷，也都利用各自的特色取得了不错的成绩。其中有一些正在向开创这一电影风格的鼻祖不断靠近，但迄今为止还没有哪个系列能够达到《星球大战》的高度。

8亿美元

1999—2003
8.33亿美元

1984—2009
8.19亿美元

8.5亿美元

1985—1990
8.78亿美元

9亿美元

1997—2012
8.81亿美元

系列电影

公映电影数量

9.5亿美元

1979—2012
9.07亿美元

10亿美元

《星际迷航》
1979—2009
19亿美元

《星球大战》
1977—2008

46亿美元
总票房

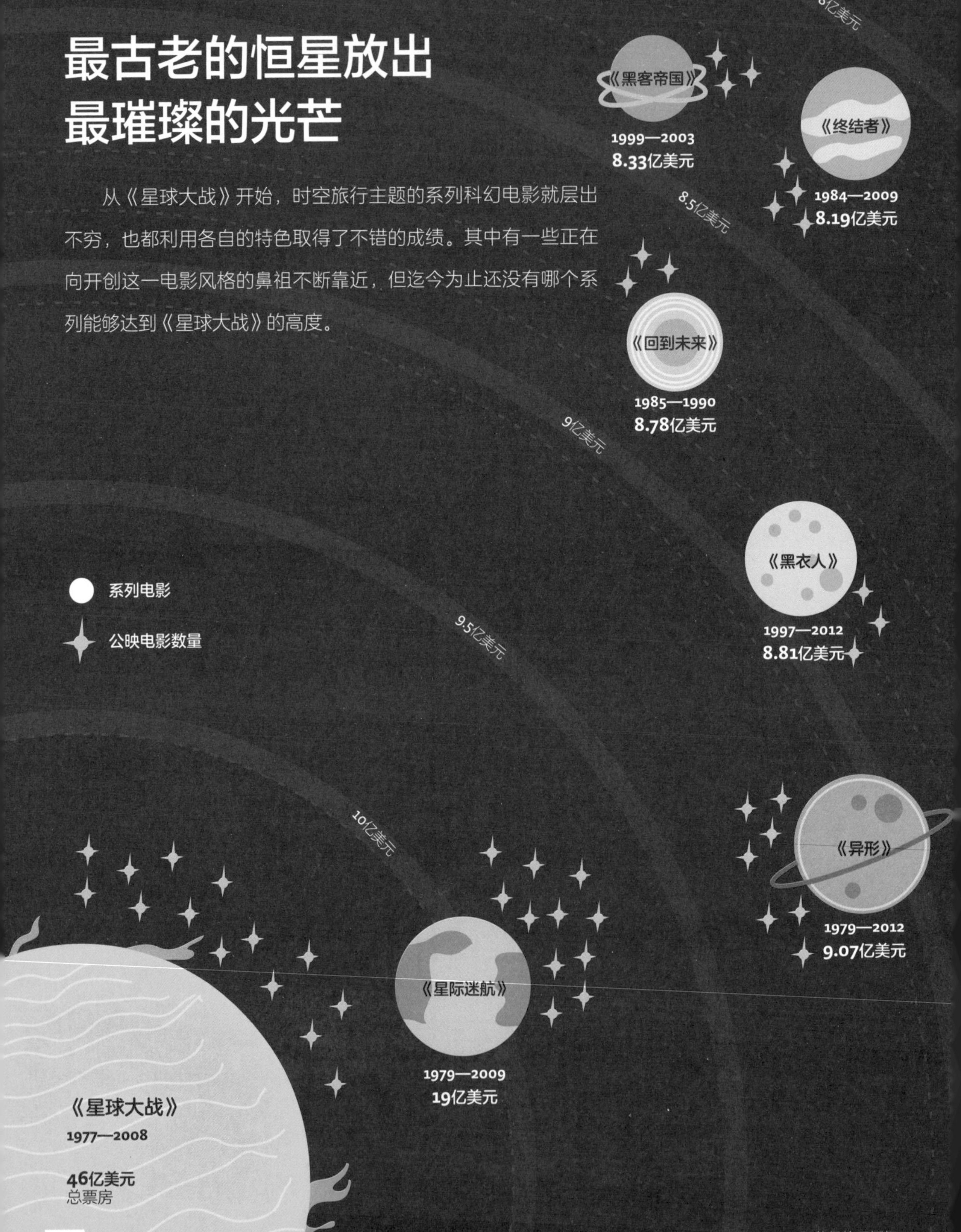

资料来源：Box Office Mojo和IMDb。已获得使用授权。

# 好莱坞、宝莱坞……还是巨无霸？

美国的电影工业每天为全球几百万的观影者输送影片，同时，麦当劳也通过全球门店向顾客提供着巨无霸汉堡，那么美国的电影与著名的巨无霸汉堡和另外两大市场印度与中国相比如何呢？

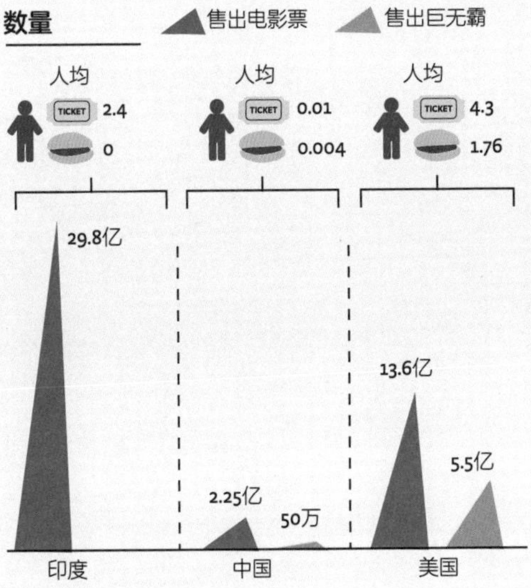


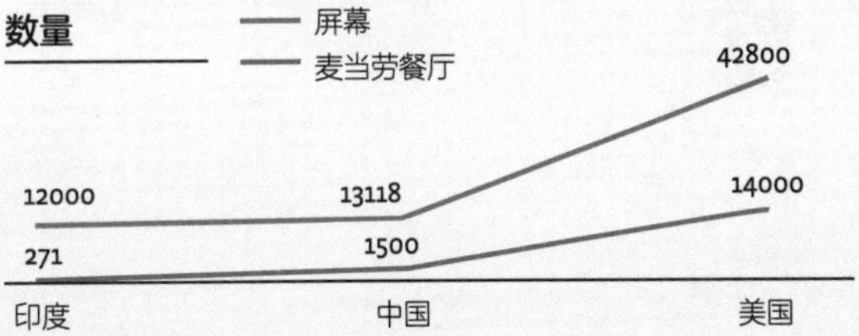


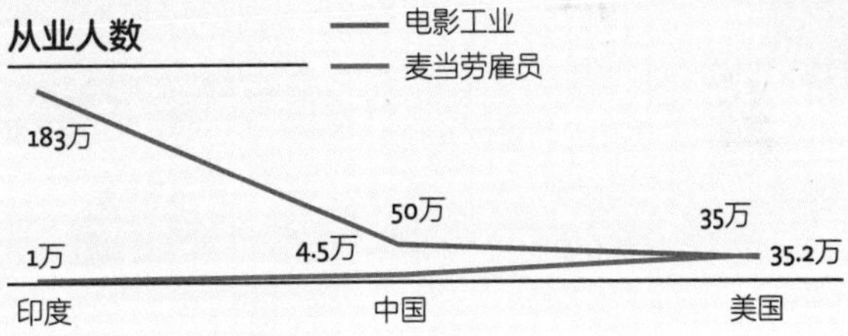


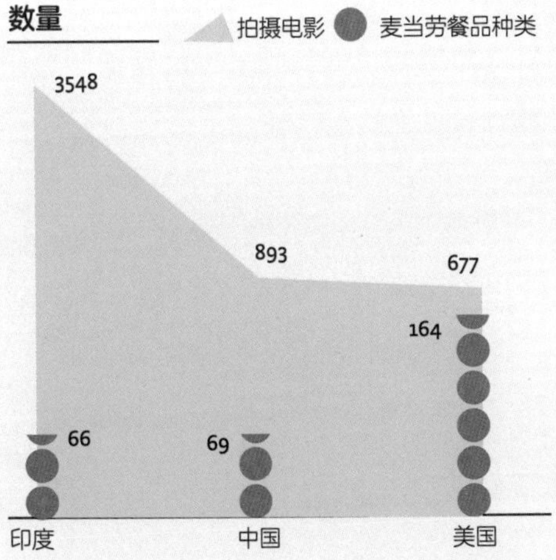


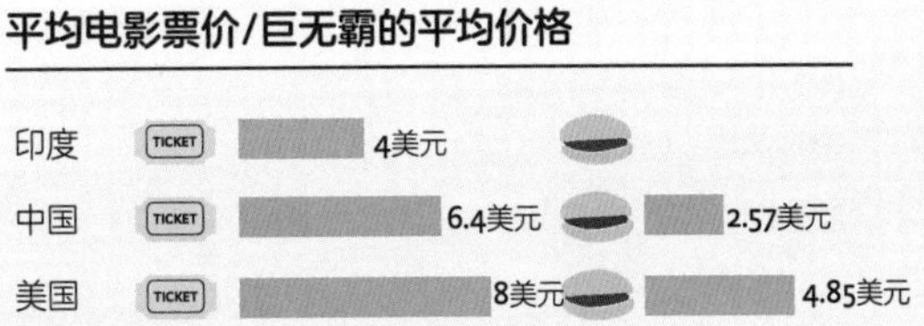


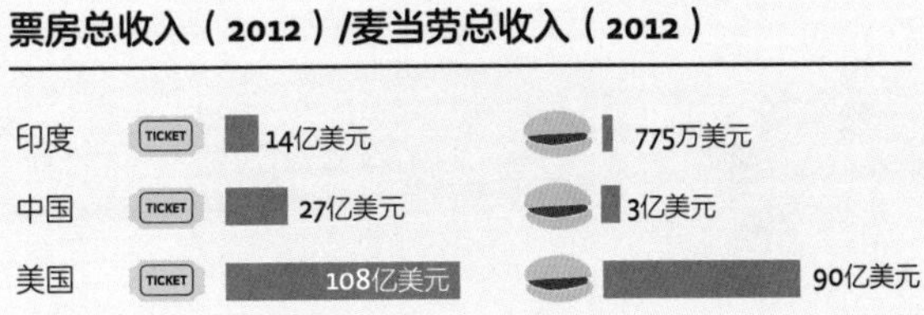

# 汤姆·哈迪的人际网络

其实，汤姆·哈迪与弗兰兹·卡夫卡、托斯卡尼尼、安迪·沃霍尔、托马斯·哈代和一只名叫哈姆的黑猩猩之间的距离都没有超过6部电影。

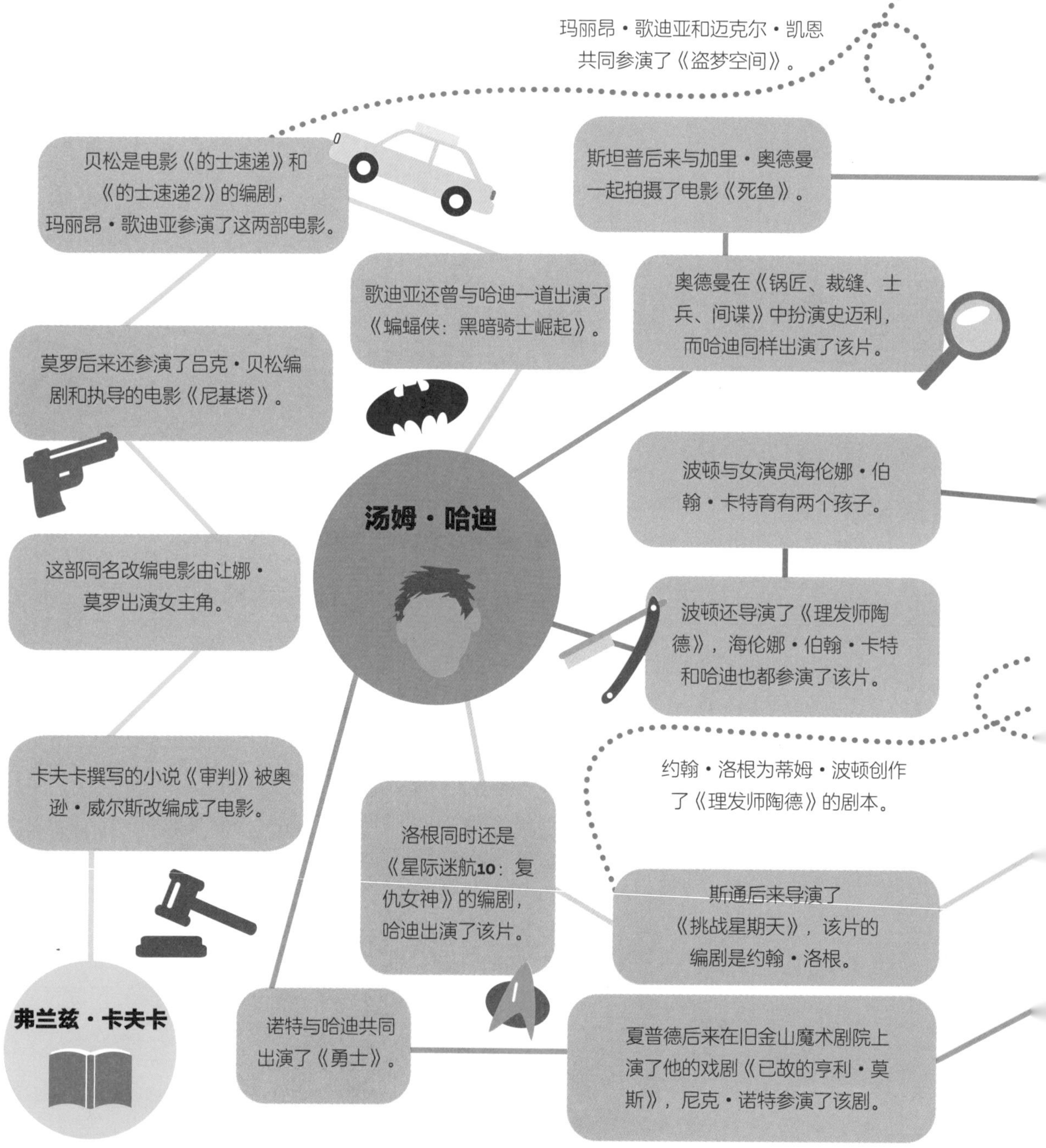

玛丽昂·歌迪亚和迈克尔·凯恩共同参演了《盗梦空间》。
贝松是电影《的士速递》和《的士速递2》的编剧，玛丽昂·歌迪亚参演了这两部电影。
斯坦普后来与加里·奥德曼一起拍摄了电影《死鱼》。
歌迪亚还曾与哈迪一道出演了《蝙蝠侠：黑暗骑士崛起》。
奥德曼在《锅匠、裁缝、士兵、间谍》中扮演史迈利，而哈迪同样出演了该片。
莫罗后来还参演了吕克·贝松编剧和执导的电影《尼基塔》。
波顿与女演员海伦娜·伯翰·卡特育有两个孩子。
汤姆·哈迪
这部同名改编电影由让娜·莫罗出演女主角。
波顿还导演了《理发师陶德》，海伦娜·伯翰·卡特和哈迪也都参演了该片。
约翰·洛根为蒂姆·波顿创作了《理发师陶德》的剧本。
卡夫卡撰写的小说《审判》被奥逊·威尔斯改编成了电影。
洛根同时还是《星际迷航10：复仇女神》的编剧，哈迪出演了该片。
斯通后来导演了《挑战星期天》，该片的编剧是约翰·洛根。
弗兰兹·卡夫卡
诺特与哈迪共同出演了《勇士》。
夏普德后来在旧金山魔术剧院上演了他的戏剧《已故的亨利·莫斯》，尼克·诺特参演了该剧。

哈代撰写的小说《远离尘器》被改编成电影以后，由朱莉·克里斯蒂出演。

**托马斯·哈代**

迈克尔·凯恩曾经试镜《日瓦戈医生》，但没能得到主演的角色。

克里斯蒂还出演了《日瓦戈医生》。

当时凯恩正好与特伦斯·斯坦普居住在一所公寓中。

托斯卡尼尼指挥了美国国家广播公司交响乐团的演出，卡敏·科波拉作为长笛手参加了演奏。

托斯卡尼尼指挥的《巴伯：弦乐慢板》的录音还被奥利弗·斯通执导的《野战排》采用作背景音乐。

他的孙女就是索菲亚·科波拉。

**阿尔图罗·托斯卡尼尼**

索菲亚·科波拉参演了蒂姆·波顿导演的《科学怪狗》。

山姆·夏普德曾在另一支乐队中担任鼓手，并在20世纪60年代末给予“地下丝绒”很大支持。

沃洛诺弗曾在1974年出演过奥利弗·斯通首次执导的电影《噩梦缠身》。

沃霍尔担任过摇滚乐队“地下丝绒”的经理人，这支乐队曾经与一位女舞者和演员玛丽·沃洛诺弗合作过。

该书被改编为电影《太空英雄》，由山姆·夏普德扮演叶格。

叶格后来成为汤姆·沃尔夫所著《真材实料》一书的主要人物。

**黑猩猩哈姆**

哈姆是第一位进入太空的美国“人”，这一壮举使得美国空军航空研究飞行员学校得以成立。查克·叶格曾担任该校的指挥官。

**安迪·沃霍尔**

# 《泰坦尼克号》中的经典一幕

每一部真正令人难以忘怀的电影都会包含至少一个值得回忆的重要桥段，它能够深深地打动观众。这样的桥段需要能发挥出巨大感染力的某些特定要素共同构成。我们以《泰坦尼克号》中杰克和露丝在船头拥抱"飞翔"的一幕为例，解构一下这一场景为什么会如此经典。

**后期制作**

近景的来回切换使得银幕上充满了坠入爱河的两人的特写，他们相互信任，因此毫不在意身边的危险。同时，通过切换镜头到海面上，不断提醒观众：危险是如此真实。

正如《卡萨布兰卡》（1942）最终分别的场景中包围鲍嘉和褒曼的雾气一样。此片5次获得主要电影节和评审的最佳剪辑奖。

**速度**

在呼啸的风中，镜头向下展开，通过不同的视角展现最终走向分别这一无法抗拒的命运。

这与《相见恨晚》（1945）中最后西莉亚·约翰逊冲向火车的一幕非常相似。此片8次获得主要电影节和评审的最佳音效和制作设计奖。

### 情感

要求两位演员通过表演展现一系列情感的变化，从拘束到勇敢，从迟疑迅速转换为信任和喜悦。

就像电影《爱情故事》（1970）中奥尼尔和麦古奥在求婚一场中从愤怒到拒绝，再到对爱情的难以置信。此片6次获得主要电影节和评审的最佳男女主角奖。

### 色彩

日落时分饱满的色彩大胆地杂糅到一起，为杰克和露丝营造出超越现实的环境。

正如《乱世佳人》（1939）中斯嘉丽和白瑞德首次接吻时深红色日落背景带来的情感冲击。此片9次获得主要电影节和评审的最佳摄影和艺术指导奖。

### 合成

营造了场景、镜头移动、情感、情节发展和最终无法挽回的悲剧与两人无忧无虑的希望和爱情之间的巨大落差。

正如《雌雄大盗》（1967）中比蒂和唐纳薇最终的结局。此片27次获得主要电影节和评审的最佳导演和最佳影片奖。

### 同步

两位主演的衣着显示了他们社会和经济地位的差异，使得他们自身也成了各自所属阶级和横亘在二人之间的力量的标志。

两人在船头保持平衡的努力让人想起了《保镖》（1992）中明星被保镖抱到安全处的场景。此片4次获得主要电影节和评审的最佳效果和服装设计奖。

### 音乐

层次感分明、跌宕起伏的管弦乐营造了浪漫和伤感的氛围。

正如《扬帆》（1942）中那个点燃雪茄的著名场景。此片14次获得主要电影节和评审的有关奖项。

# 巴黎的爱情路线

这张巴黎地铁路线图显示了过去60多年来的6部浪漫爱情电影中邂逅和追求女主角的路线，以及每部电影中关键场景发生的位置等信息（见右页右上图）。

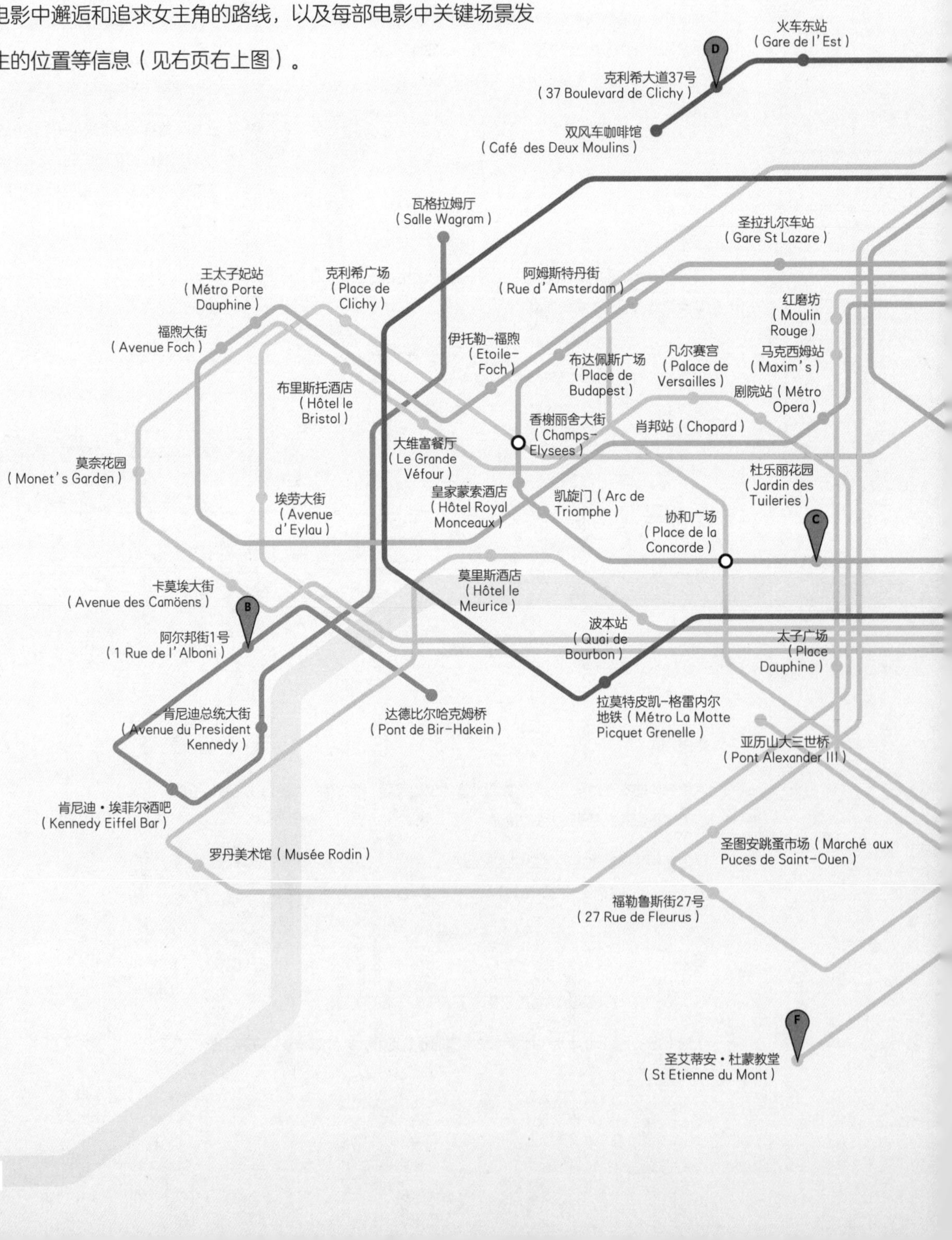

火车东站（Gare de l'Est）
D
克利希大道37号（37 Boulevard de Clichy）
双风车咖啡馆（Café des Deux Moulins）
瓦格拉姆厅（Salle Wagram）
圣拉扎尔车站（Gare St Lazare）
王太子妃站（Métro Porte Dauphine）
克利希广场（Place de Clichy）
阿姆斯特丹街（Rue d'Amsterdam）
红磨坊（Moulin Rouge）
福煦大街（Avenue Foch）
伊托勒-福煦（Etoile-Foch）
布达佩斯广场（Place de Budapest）
凡尔赛宫（Palace de Versailles）
马克西姆站（Maxim's）
布里斯托酒店（Hôtel le Bristol）
剧院站（Métro Opera）
香榭丽舍大街（Champs-Elysees）
肖邦站（Chopard）
大维富餐厅（Le Grande Véfour）
莫奈花园（Monet's Garden）
杜乐丽花园（Jardin des Tuileries）
皇家蒙索酒店（Hôtel Royal Monceaux）
凯旋门（Arc de Triomphe）
埃劳大街（Avenue d'Eylau）
协和广场（Place de la Concorde）
C
莫里斯酒店（Hôtel le Meurice）
卡莫埃大街（Avenue des Camöens）
B
阿尔邦街1号（1 Rue de l'Alboni）
波本站（Quai de Bourbon）
太子广场（Place Dauphine）
肯尼迪总统大街（Avenue du President Kennedy）
达德比尔哈克姆桥（Pont de Bir-Hakein）
拉莫特皮凯-格雷内尔地铁（Métro La Motte Picquet Grenelle）
亚历山大三世桥（Pont Alexander III）
肯尼迪·埃菲尔酒吧（Kennedy Eiffel Bar）
罗丹美术馆（Musée Rodin）
圣图安跳蚤市场（Marché aux Puces de Saint-Ouen）
福勒鲁斯街27号（27 Rue de Fleurus）
F
圣艾蒂安·杜蒙教堂（St Etienne du Mont）

## 安娜·卡里娜

《法外之徒》
让-吕克·戈达尔，1964

A 关键场景：奥戴丽与亚瑟和弗兰兹一起跳舞

## 奥黛丽·塔图

《天使爱美丽》
让-皮埃尔·热内，2001

D 关键场景：艾米丽在情趣用品商店遇见尼诺

## 玛丽亚·施耐德

《巴黎最后的探戈》
贝纳尔多·贝托鲁奇，1972

B 关键场景：保罗和让娜在公寓中相遇

## 玛姬·格蕾斯

《飓风营救》
吕克·贝松，2008

E 关键场景：金被从公寓中绑走

## 威尔赫蒙尼娅·维金斯·费尔南德斯

《歌剧红伶》
让-雅克·贝奈克斯，1981

C 关键场景：朱勒和辛西娅在雾中散步

## 玛丽昂·歌迪亚

《午夜巴黎》
伍迪·艾伦，2011

F 关键场景：吉尔遇到马车

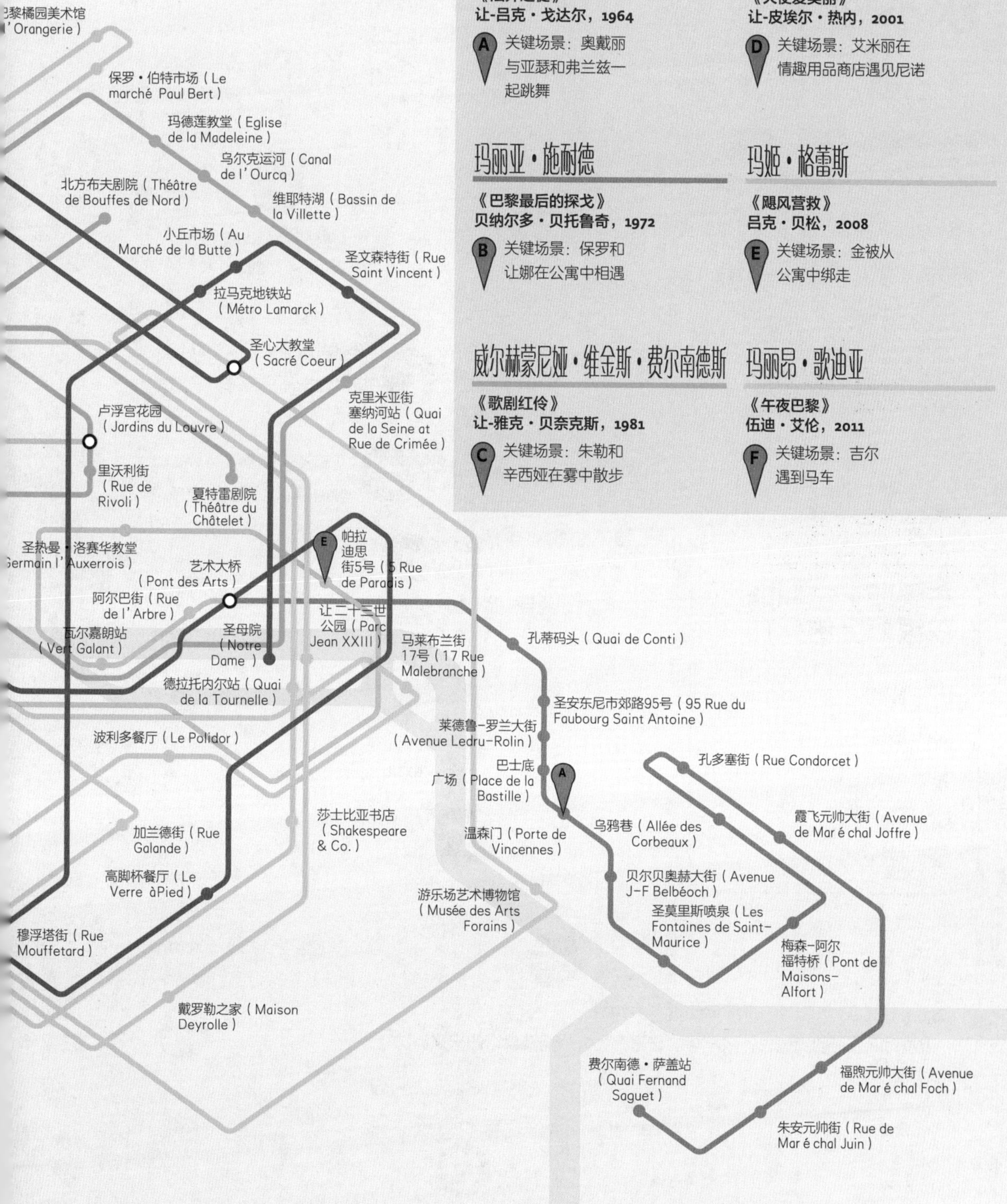


资料来源：托尼·里弗斯/Movie-Locations网站

# 布鲁斯·威利斯永不屈服

在5部《虎胆龙威》中，布鲁斯·威利斯扮演的纽约警察约翰·麦卡伦经历了无数次枪战，躲过了刺杀和爆炸并活了下来。但是在威利斯的演艺生涯中，他一共被“杀死”13次。

《霹雳娇娃2：全速进攻》（2003）
头部中枪

《刑房：恐怖星球》（2007）
感染僵尸病毒后被射杀

《胜者为王》（1991）
被黑手党溺死

《致命思想》（1991）
被利刃割喉

《狙击职业杀手》（1997）
被女性巴斯克恐怖分子射杀

《哈特的战争》（2002）
被纳粹战俘营指挥官杀害

《十二猴子》（1995）
被警察杀死——年轻的自己在旁边目击了一切

《罪恶之城》（2005）
从背后被射杀

《白昼冷光》（2012）
被狙击手击中背部

《第六感》（1999）
被精神病人射中腹部死亡

《绝世天劫》（1998）
为拯救地球自愿引爆核弹身亡

《环形使者》（2013）
通过时间旅行回到过去，被年轻的自己杀死，从而将自己的未来消除

《飞越长生》（1992）
由于年老而自然死亡

**布鲁斯·威利斯在银幕上的死亡**

- 溺水
- 割喉
- 枪击
- 核弹爆炸
- 自然死亡

# 雌雄莫辨

这里列举了影史上最成功的男扮女装和女扮男装电影（含票房金额、演员名、电影名及上映年份等信息）。

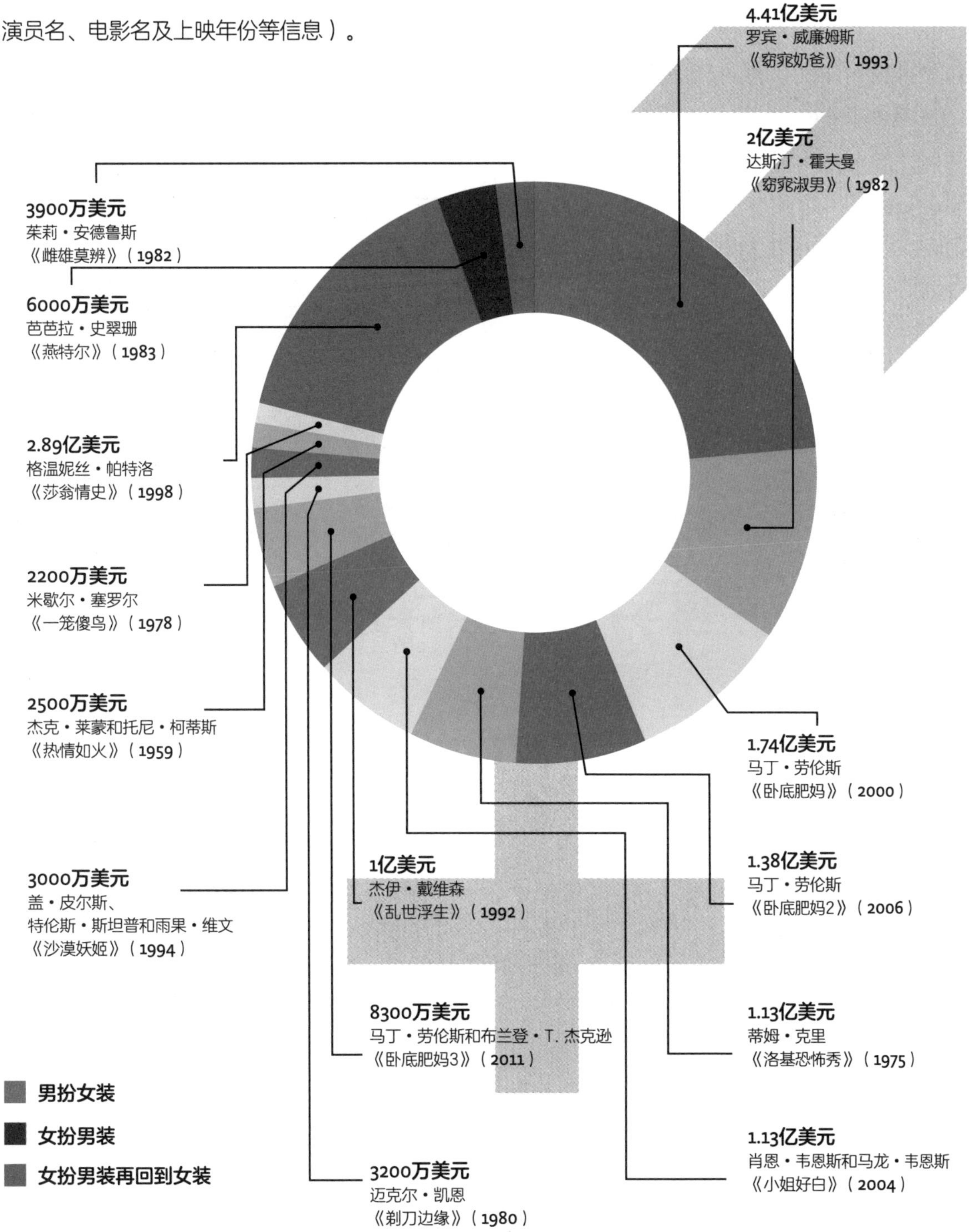


资料来源：IMDb。已获得使用授权。

# 我们都知道的7类故事

| | 莎士比亚戏剧 | 西部电影 | 科幻电影 |
|---|---|---|---|
| 1 人与人的冲突 | 《泰特斯·安德洛尼克斯》 1593 | 《不可饶恕》 1992 | 《饥饿游戏》 2012 |
| 2 人与自然的冲突 | 《仲夏夜之梦》 1564 | 《搜索者》 1956 | 《超世纪谍杀案》 1973 |
| 3 人与自己的冲突 | 《哈姆雷特》 1600 | 《姜戈：西部夺命金》 意大利 1968 | 《环形使者》 2012 |
| 4 人与神明的冲突 | 《麦克白》 1605 | 《午后枪声》 1962 | 《2001太空漫游》 1968 |
| 5 人与社会的冲突 | 《科利奥兰纳斯》 1608 | 《荒野浪子》 1973 | 《萨杜斯》 1974 |
| 6 进退两难的人 | 《无事生非》 1588 | 《原野奇侠》 1953 | 《回到未来》 1985 |
| 7 男人与女人 | 《驯悍记》 1592 | 《孽海痴魂》 1960 | 《飞向太空》 苏联 1972 |

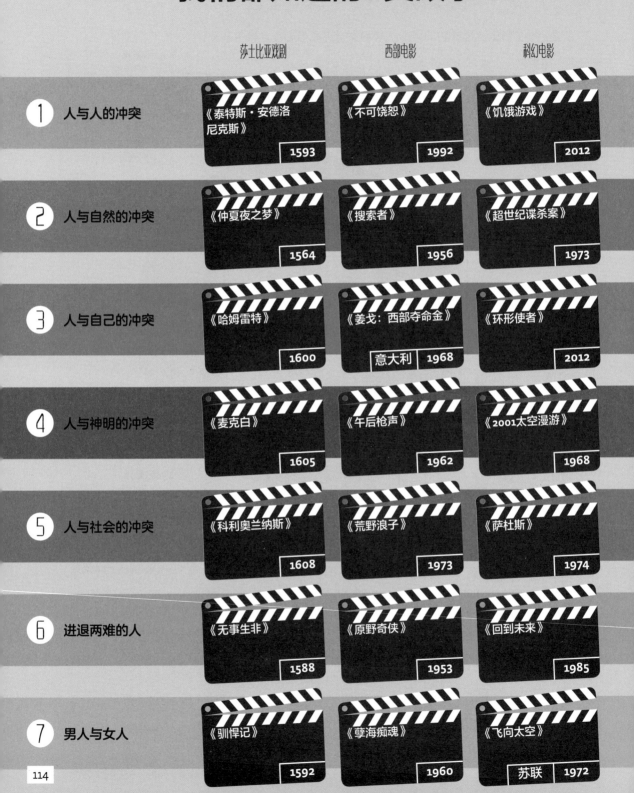

按照亚瑟·奎勒–库奇爵士的观点，世界上只有7种类型的故事，且都是不同类型的冲突。那么莎士比亚的戏剧和不同题材的电影（含上映年份等信息*）又是如何体现这一点的呢？

| 恐怖电影 | 浪漫喜剧电影 | 动作电影 | 奇幻电影 |
| --- | --- | --- | --- |
| 《德州电锯杀人狂》 1974 | 《特工争风》 2012 | 《影子武士》 日本 1980 | 《雷神》 2011 |
| 《漫长假期》 澳大利亚 1978 | 《初恋50次》 2004 | 《后天》 2004 | 《最后的风之子》 2010 |
| 《群尸屠城》 意大利 1985 | 《西雅图夜未眠》 1993 | 《终结者3：机器人的觉醒》 2004 | 《哈利·波特与密室》 2004 |
| 《杀神》 加拿大 2010 | 《主教之妻》 1947 | 《防弹武僧》 2003 | 《诸神之战》 2010 |
| 《电钻杀手》 1979 | 《我盛大的希腊婚礼》 2002 | 《七武士》 日本 1954 | 《潘神的迷宫》 西班牙 2006 |
| 《异世浮生》 1990 | 《慕德家一夜》 法国 1969 | 《危险人物》 1999 | 《风云际会》 1988 |
| 《孽扣》 1988 | 《我恨你的十件事》 1999 | 《特工狂花》 1996 | 《白雪公主与猎人》 2012 |

* 未标注国家的电影均为美国电影。

# 伯恩的时间

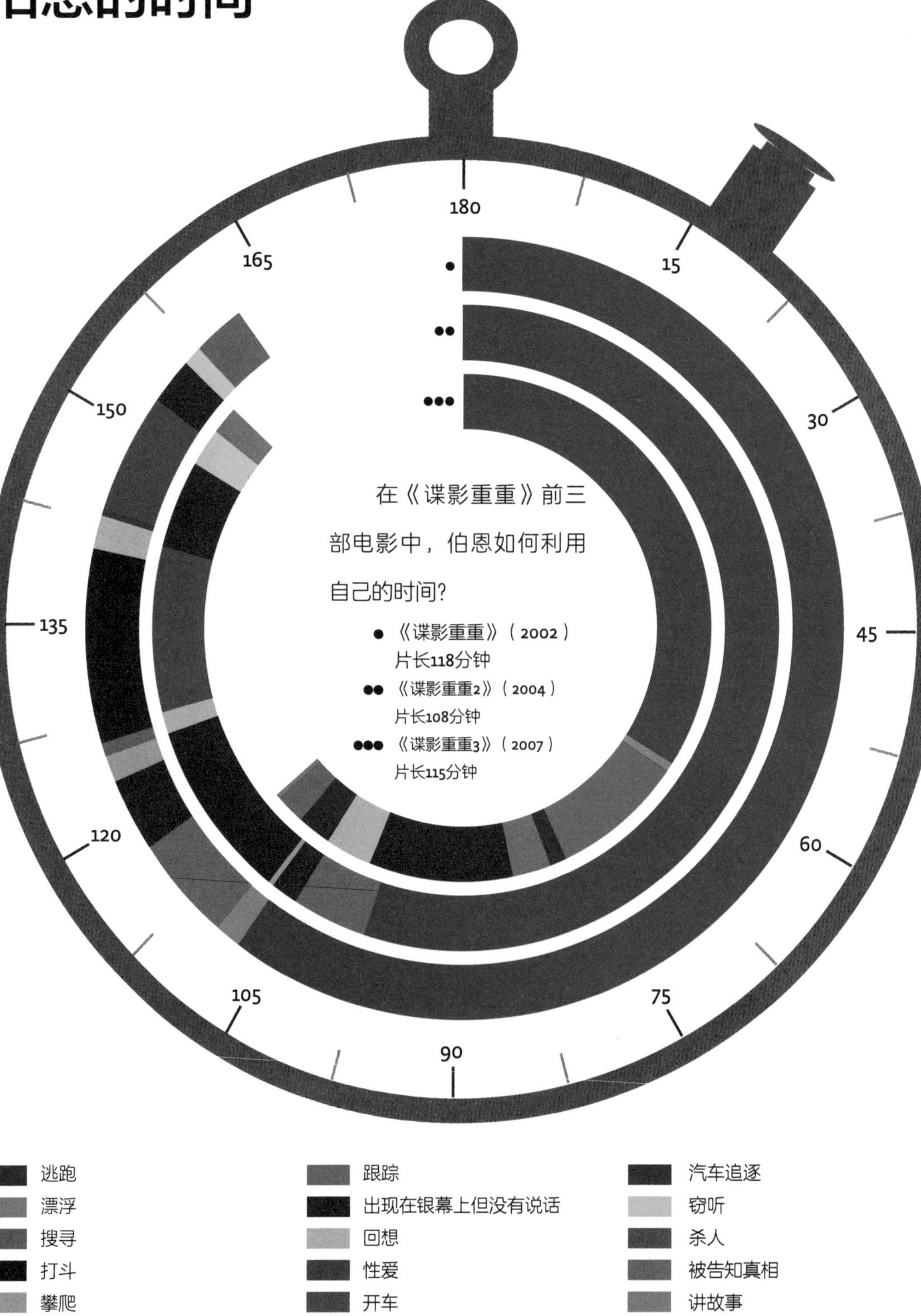
180
15
30
45
60
75
90
105
120
135
150
165
在《谍影重重》前三
部电影中，伯恩如何利用
自己的时间？
●《谍影重重》（2002）
片长118分钟
●●《谍影重重2》（2004）
片长108分钟
●●●《谍影重重3》（2007）
片长115分钟
逃跑
漂浮
搜寻
打斗
攀爬
跟踪
出现在银幕上但没有说话
回想
性爱
开车
汽车追逐
窃听
杀人
被告知真相
讲故事

# 得奖的应该是我

美国电影艺术与科学学院奖（奥斯卡奖）最佳外语片奖并不总是颁给最受欢迎的外国电影。下面列举了一些评论家（根据烂番茄网站的好评率）认为更优秀却未能获奖的影片。

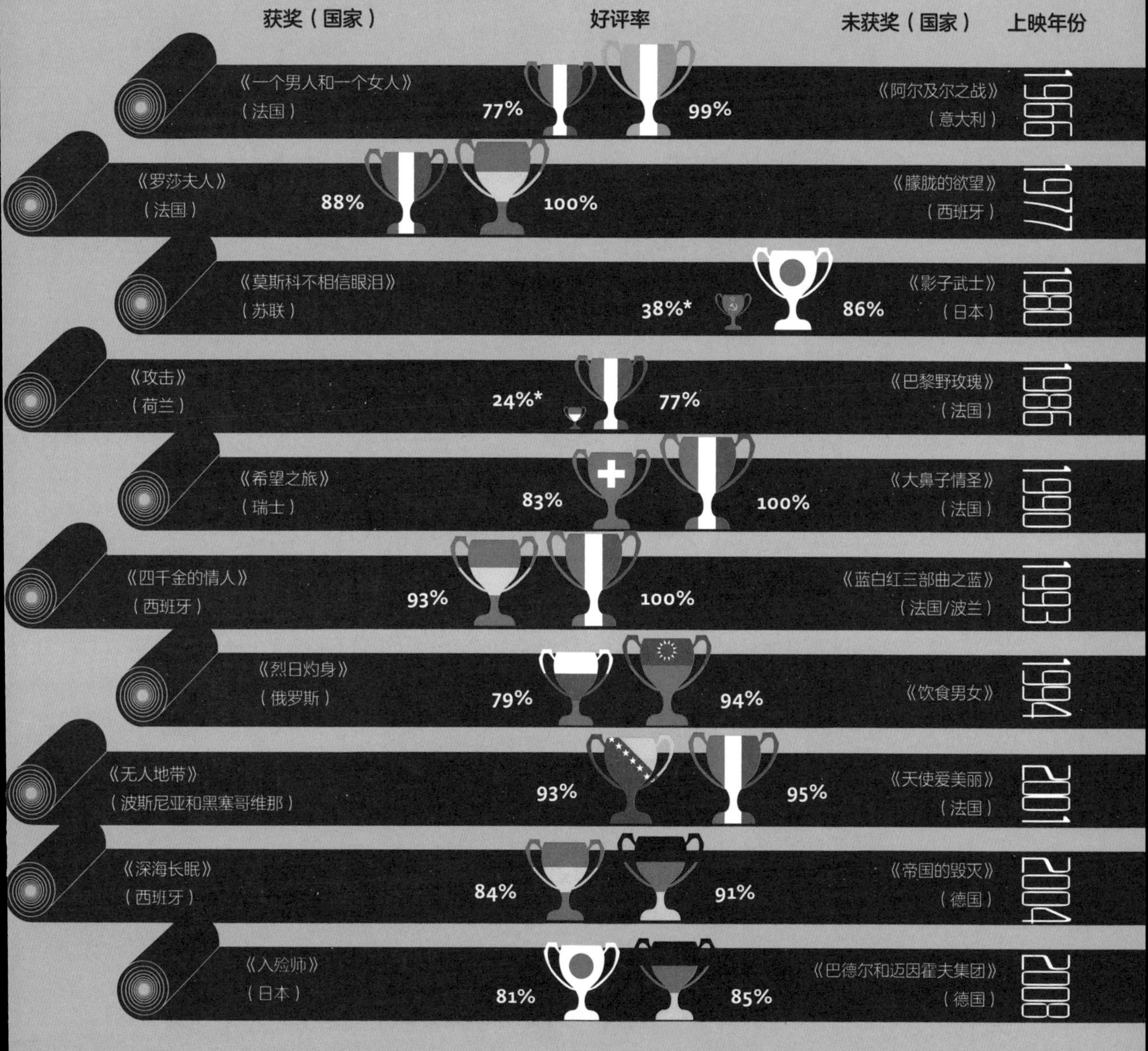


*没有评论家的打分可用，采用了烂番茄网的用户评分。

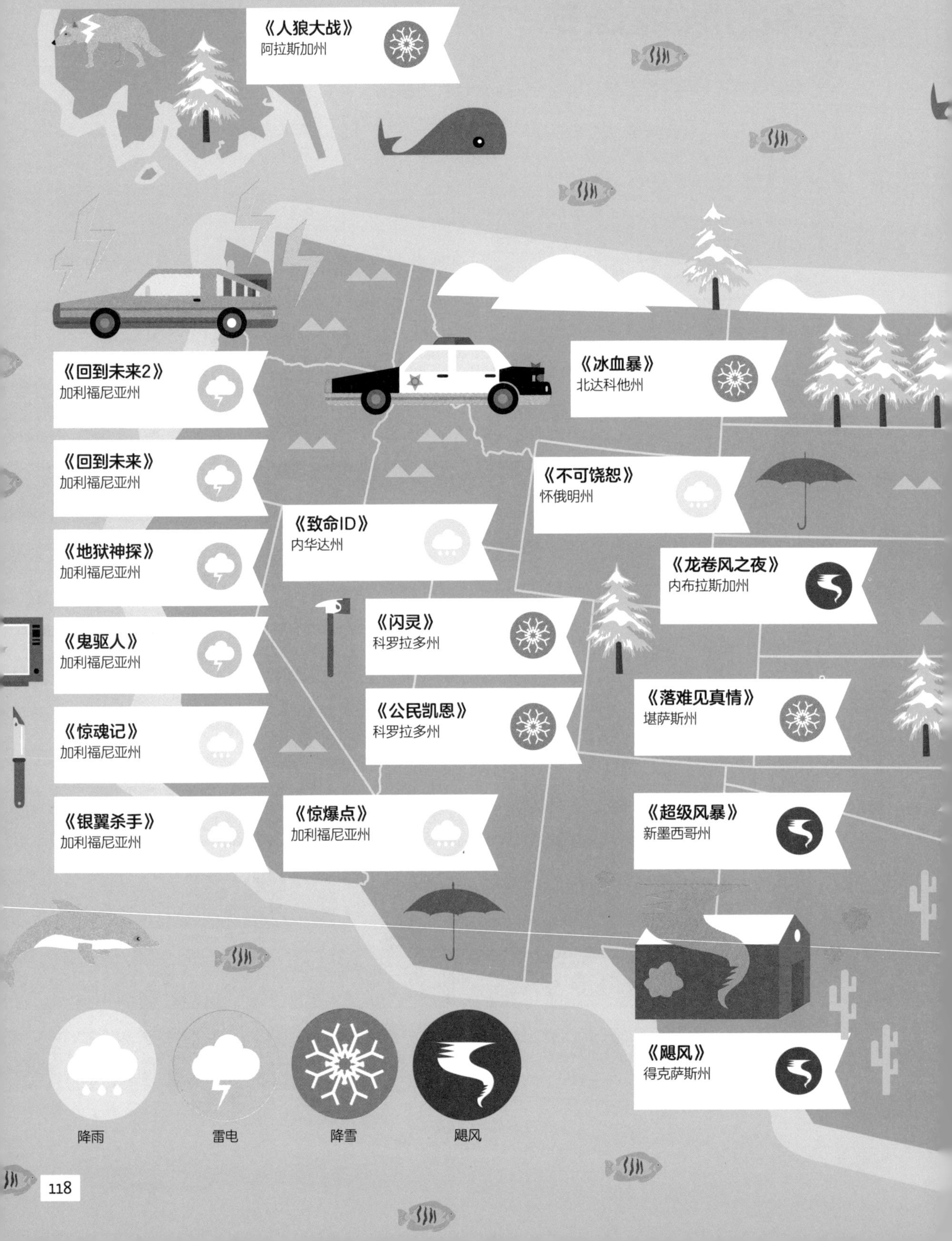

《人狼大战》
阿拉斯加州
《回到未来2》
加利福尼亚州
《冰血暴》
北达科他州
《回到未来》
加利福尼亚州
《不可饶恕》
怀俄明州
《致命ID》
内华达州
《地狱神探》
加利福尼亚州
《龙卷风之夜》
内布拉斯加州
《鬼驱人》
加利福尼亚州
《闪灵》
科罗拉多州
《惊魂记》
加利福尼亚州
《公民凯恩》
科罗拉多州
《落难见真情》
堪萨斯州
《银翼杀手》
加利福尼亚州
《惊爆点》
加利福尼亚州
《超级风暴》
新墨西哥州
《飓风》
得克萨斯州
降雨
雷电
降雪
飓风

# 糟糕天气引出的电影

影史上39部与糟糕天气有关的美国电影。

资料来源：爱荷华气象学家电影评论协会。

# 缺少笑料？

随着第85届奥斯卡颁奖典礼在好莱坞落下帷幕，曾获得奥斯卡最佳影片奖这一殊荣的喜剧片达到12部。当然还有不少喜剧片的导演、剧本和演员也得到了奥斯卡奖，但是他们获奖的时间相对比较分散。

最佳影片
《一夜风流》
《浮生若梦》
《与我同行》
《桃色公寓》
最佳导演
弗兰克·卡普拉
弗兰克·卡普拉
莱奥·麦卡雷
弗兰克·卡普拉
莱奥·麦卡雷
文森特·明奈利
比利·怀尔德
最佳女主角
玛丽·杜丝勒
克劳黛·考尔白
洛丽泰·扬
朱迪·霍利德
奥黛丽·赫本
最佳男主角
克拉克·盖博
平·克劳斯贝
最佳女配角
约瑟芬·赫尔
最佳男配角
查尔斯·科本
埃德蒙·格温
莱德·巴顿斯
最佳原创剧本
《公主想飞》
《小姑居处》
《单身汉与时髦女郎》
《拉凡德山的暴徒》
《公寓春光》
《枕边细语》
《风流记者》
《意大利式离婚》
最佳改编剧本
《一夜风流》
《费城故事》
《太虚道人》
《与我同行》
《34街奇缘》
《金粉世界》
年份
1935
1940
1945
1950
1955
1960

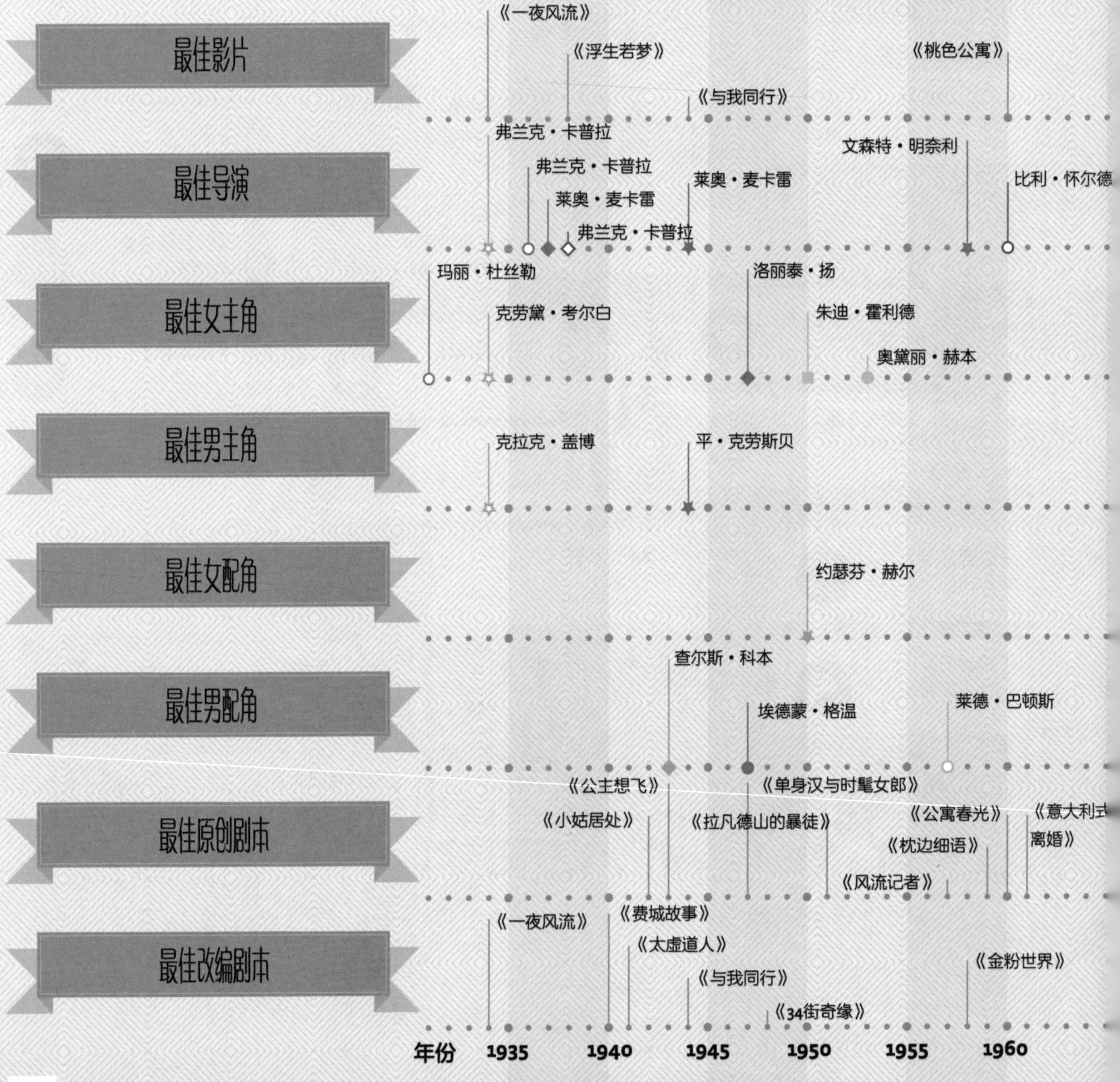

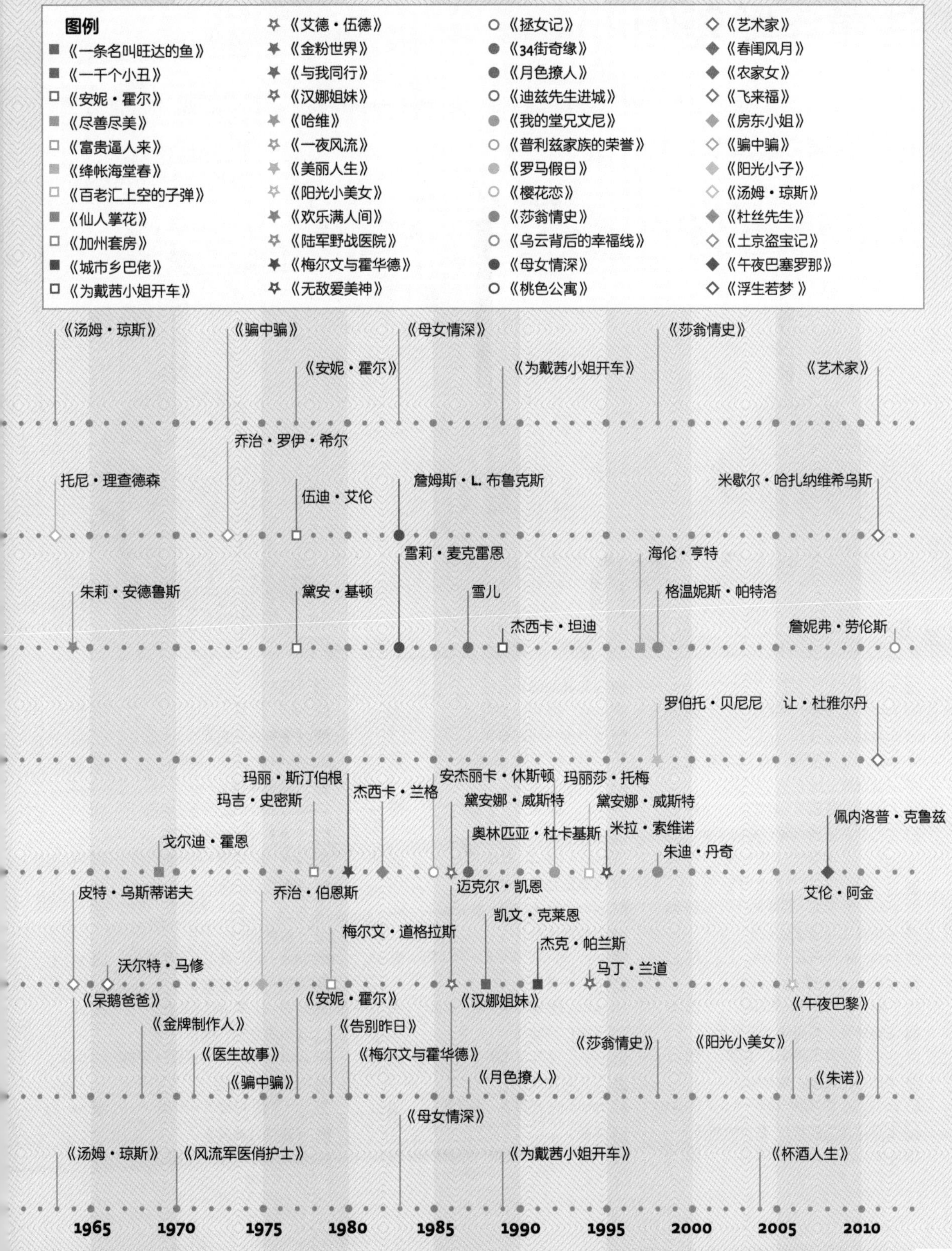


上述所有影片的主要类型均被IMDb标识为喜剧。

# 注意年龄差距

在对英语、法语和西班牙语3种语言票房最高的10部电影进行研究之后，我们发现，说不同语言的演员达到演艺生涯高峰的时间也不尽相同。

| | | | | |
|---|---|---|---|---|
| 1 | 《阿凡达》 | 2009 | 萨姆·沃辛顿 | 32 |
| 2 | 《泰坦尼克号》 | 1997 | 莱昂纳多·迪卡普里奥 | 23 |
| 3 | 《复仇者联盟》 | 2012 | 克里斯·埃文斯 | 30 |
| 4 | 《哈利·波特与死亡圣器（下）》 | 2011 | 丹尼尔·雷德克里夫 | 21 |
| 5 | 《变形金刚3：月黑之时》 | 2011 | 希亚·拉博夫 | 24 |
| 6 | 《指环王：国王归来》 | 2003 | 伊利亚·伍德 | 21 |
| 7 | 《007：大破天幕杀机》 | 2012 | 丹尼尔·克雷格 | 43 |
| 8 | 《蝙蝠侠：黑暗骑士崛起》 | 2012 | 克里斯蒂安·贝尔 | 37 |
| 9 | 《加勒比海盗：聚魂棺》 | 2006 | 约翰尼·德普 | 42 |
| 10 | 《星球大战前传1：幽灵的威胁》 | 1999 | 伊万·麦格雷戈 | 26 |

| | | | | |
|---|---|---|---|---|
| 1 | 《无法触碰》 | 2011 | 奥马·希 | 32 |
| 2 | 《欢迎来到北方》 | 2008 | 凯德·麦拉德 | 43 |
| 3 | 《天使爱美丽》 | 2001 | 马修·卡索维茨 | 33 |
| 4 | 《艺术家》 | 2011 | 让·杜雅尔丹 | 38 |
| 5 | 《埃及艳后的任务》 | 2002 | 杰拉尔·德帕迪约 | 53 |
| 6 | 《玫瑰人生》 | 2007 | 让-皮埃尔·马丁斯 | 35 |
| 7 | 《狼族盟约》 | 2001 | 塞缪尔·勒·比汉 | 35 |
| 8 | 《虎口脱险》 | 1996 | 布尔维尔 | 35 |
| 9 | 《人与神》 | 2010 | 朗贝尔·维尔森 | 51 |
| 10 | 《爱》 | 2012 | 简-路易斯·特林提格南特 | 81 |

| | | | | |
|---|---|---|---|---|
| 1 | 《回归》 | 2006 | 无 | 无 |
| 2 | 《潘神的迷宫》 | 2006 | 道格·琼斯 | 35 |
| 3 | 《孤堡惊情》 | 2007 | 费尔南多·卡约 | 38 |
| 4 | 《关于我母亲的一切》 | 1999 | 埃罗·阿索林 | 21 |
| 5 | 《摩托日记》 | 2004 | 盖尔·加西亚·贝纳尔 | 25 |
| 6 | 《对她说》 | 2002 | 贾维尔·卡马拉 | 34 |
| 7 | 《谜一样的双眼》 | 2009 | 里卡杜·达林 | 51 |
| 8 | 《你妈妈也一样》 | 2001 | 盖尔·加西亚·贝纳尔 | 22 |
| 9 | 《美错》 | 2011 | 哈维尔·巴登 | 41 |
| 10 | 《巧克力情人》 | 1992 | 马克·莱昂纳蒂 | 23 |

1 电影排名　上映年份　男主角　女主角　年龄　平均年龄

英语　法语　西班牙语

| | | | | |
|---|---|---|---|---|
| 1 | 《阿凡达》 | 2009 | 佐伊·索尔达娜 | 30 |
| 2 | 《泰坦尼克号》 | 1997 | 凯特·温斯莱特 | 22 |
| 3 | 《复仇者联盟》 | 2012 | 斯嘉丽·约翰逊 | 27 |
| 4 | 《哈利·波特与死亡圣器（下）》 | 2011 | 艾玛·沃特森 | 20 |
| 5 | 《变形金刚3：月黑之时》 | 2011 | 罗茜·汉丁顿-惠特莉 | 32 |
| 6 | 《指环王：国王归来》 | 2003 | 凯特·布兰切特 | 32 |
| 7 | 《007：大破天幕杀机》 | 2012 | 朱迪·丹奇 | 77 |
| 8 | 《蝙蝠侠：黑暗骑士崛起》 | 2012 | 安妮·海瑟薇 | 29 |
| 9 | 《加勒比海盗：聚魂棺》 | 2006 | 凯拉·奈特莉 | 20 |
| 10 | 《星球大战前传1：幽灵的威胁》 | 1999 | 娜塔莉·波特曼 | 17 |

| | | | | |
|---|---|---|---|---|
| 1 | 《无法触碰》 | 2011 | 奥黛丽·弗洛特 | 32 |
| 2 | 《欢迎来到北方》 | 2008 | 祖伊·费利克斯 | 31 |
| 3 | 《天使爱美丽》 | 2001 | 奥黛丽·塔图 | 24 |
| 4 | 《艺术家》 | 2011 | 贝热尼丝·贝乔 | 34 |
| 5 | 《埃及艳后的任务》 | 2002 | 莫妮卡·贝鲁奇 | 37 |
| 6 | 《玫瑰人生》 | 2007 | 玛丽昂·歌迪亚 | 35 |
| 7 | 《狼族盟约》 | 2001 | 艾米莉·德奎恩 | 20 |
| 8 | 《虎口脱险》 | 1996 | 安德丽·帕里西 | 60 |
| 9 | 《人与神》 | 2010 | 萨巴纳·奥扎尼 | 19 |
| 10 | 《爱》 | 2012 | 埃玛妞·丽娃 | 84 |

| | | | | |
|---|---|---|---|---|
| 1 | 《回归》 | 2006 | 佩内洛普·克鲁兹 | 31 |
| 2 | 《潘神的迷宫》 | 2006 | 伊万娜·巴克尔诺 | 12 |
| 4 | 《孤堡惊情》 | 2007 | 贝伦·鲁艾达 | 41 |
| 4 | 《关于我母亲的一切》 | 1999 | 丝莉亚·洛芙 | 42 |
| 5 | 《摩托日记》 | 2004 | 梅赛黛斯·莫朗 | 48 |
| 6 | 《对她说》 | 2002 | 罗萨里奥·福罗雷斯 | 38 |
| 7 | 《谜一样的双眼》 | 2009 | 索蕾达·维拉米尔 | 39 |
| 8 | 《你妈妈也一样》 | 2001 | 玛丽贝尔·瓦度 | 30 |
| 9 | 《美错》 | 2011 | 马利赛·阿尔瓦雷兹 | 40 |
| 10 | 《巧克力情人》 | 1992 | 卢米·卡范佐斯 | 23 |

资料来源：Box Office Mojo和IMDb。已获得使用授权。

# 改编自文学作品的电影

这里列举的电影全部由文学作品改编而来。图中还提供了每部电影名的第一个字。

答案见第152页

# 完美的男主角

根据女性电影评论家的意见，如果选取著名男演员头部的各部位组成一位完美的男性，他应该是这样的……下图展示了男演员及其身体部位，角色出处、上映年份和票房等。

**头部**

威尔·史密斯

《我是传奇》2007

**5.85亿美元**

**眼睛**

罗伯特·帕丁森

《暮光之城：月食》2010

**6.98亿美元**

**鼻子**

连姆·尼森

《诸神之战》2010

**4.93亿美元**

**脸颊**

布拉德·皮特

《史密斯夫妇》2005

**4.78亿美元**

**嘴唇**

哈维尔·巴登

《007：大破天幕杀机》2012

**9.5亿美元**

**头发**

约翰尼·德普

《加勒比海盗4：惊涛怪浪》2011

**10.44亿美元**

**额头**

莱昂纳多·迪卡普里奥

《盗梦空间》2010

**8.255亿美元**

**眉毛**

科林·法瑞尔

《少数派报告》2002

**3.58亿美元**

**耳朵**

休·杰克曼

《X战警：背水一战》2006

**4.59亿美元**

**胡须**

伊德瑞斯·艾尔巴

《普罗米修斯》2012

**4.025亿美元**

**牙齿**

汤姆·克鲁斯

《世界大战》2005

**5.92亿美元**

**下巴**

乔治·克鲁尼

《十一罗汉》2001

**4.51亿美元**

资料来源：Box Office Mojo。已获得使用授权。

# 女性的作品

一般情况下，制片方不太愿意聘请一位女性导演，但是如果是已经成名的女演员，同时兼具制作、创作或是编曲的能力，她的机会就更多。

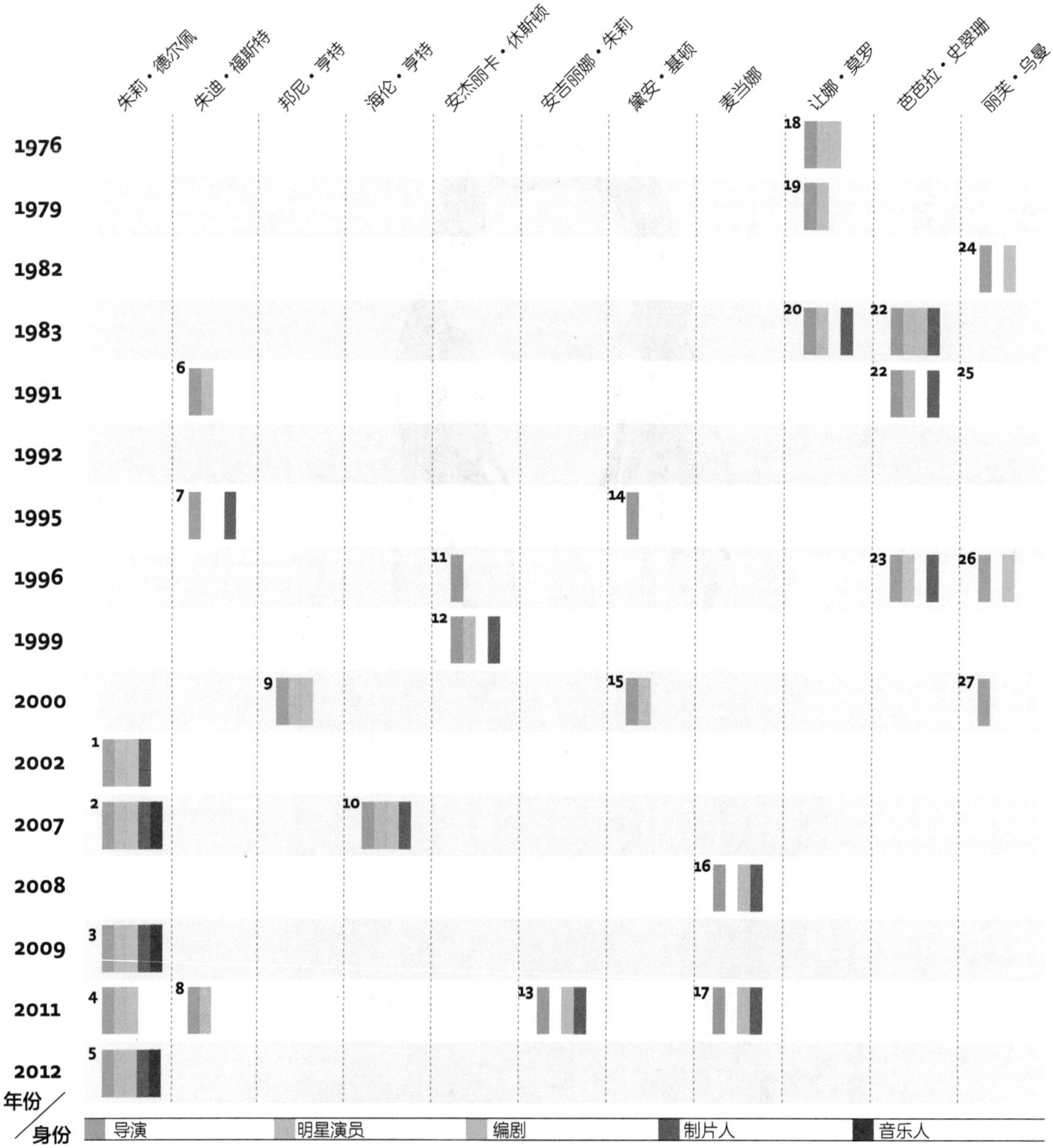


1《寻找吉米》| 2《巴黎两日情》| 3《女伯爵》| 4《天空实验室》| 5《纽约两日情》| 6《我的天才宝贝》| 7《心情故事》
8《海狸》| 9《爱归来》| 10《她找我》| 11《卡罗莱那的私生女》| 12《艾格尼斯·布朗》| 13《血与蜜之地》| 14《真情赤子心》
15《来电传情》| 16《下流与智慧》| 17《倾国之恋》| 18《光》| 19《少女》| 20《丽莲·吉许》| 21《燕特尔》| 22《潮浪王子》
23《双面镜》| 24《爱的"离别"片段》| 25《素菲》| 26《克丽丝汀的一生》| 27《背信弃义》

 资料来源：IMDb。已获得使用授权。

# 或大或小的动物

以动物为主角的电影总是能够吸引全家人走进影院。但是这个类型中票房成绩最出色的电影（根据boxofficemojo的数据）却并不一定能够得到观众最高的评价（见图中百分比，根据烂番茄网站的好评率）。

资料来源：Box Office Mojo。已获得使用授权。

# 完美的三段式故事

0

上帝和圣约瑟听到了有关乔治・贝礼的祈祷。

二等天使克拉伦斯了解乔治的生平，乔治为了救兄弟的性命左耳失聪。

反派大财阀亨利・F. 波特（莱昂纳尔・巴里摩尔）出场。

5

玛丽（8岁）悄悄地对着乔治失去听力的左耳说她爱他。

乔治阻止了男孩服用药店老板配错的药。

10

成年乔治（詹姆斯・斯图尔特）首次登场。

乔治表示自己的目标是离开贝德福德镇，去周游世界，从而功成名就。

15

乔治的父亲则要求他子承父业。

乔治和年满18岁的玛丽（唐娜・里德）在跳舞时交换充满爱意的眼神。

20

乔治告诉玛丽，她非常美好。

25

玛丽打破了贝礼未来居所的一扇窗户，并希望乔治能够留在贝德福德镇。

乔治被告知他的父亲突发中风，不得不与玛丽在灌木丛中告别。

30

乔治为保护父亲的公司与波特针锋相对，最终成为父亲的继承人。

乔治的兄弟哈利登场，他已经结婚，且在另一个城市有份工作。

乔治放弃了旅行的计划，没能实现自己的目标（见第13分钟）。

35

玛丽四年制大学毕业。

40

乔治和玛丽发生争执。

乔治和玛丽接吻并结婚。

45

乔治准备离开贝德福德，这时房屋贷款公司被挤占，导致两人的蜜月旅行未能成行。

50

波特买下银行，尝试收购乔治的公司。

乔治的演讲使公司免于破产。

55

乔治找到了玛丽理想中的家，两人接吻。

60

乔治和玛丽创立贝礼庄园平价房屋公司。

**1 背景的铺陈**

0~30 分钟

**2 冲突的发生**

30~90 分钟

好莱坞著名的编剧大师悉德·菲尔德认为，优秀的电影剧本往往具有三段式的结构：前30分钟为第一部分，30～90分钟为第二部分，90～120分钟为第三部分。我们以《生活多美好》一片为例对此进行深入分析。

65

波特用金钱收买乔治，要求他放弃公司，被乔治拒绝。

70

旁白告诉观众玛丽生了4个孩子，以及有关第二次世界大战的情况。

乔治充满疑虑，又想起来自己的目标。

旁白：当下的情况

75

乔治挥动报纸，提到哈利在战争中获得勋章。

比利叔叔亏损8000美元（波特获利）—故事的主要冲突。

80

乔治大发脾气，与比利叔叔发生冲突。

乔治向波特求助但被拒绝。

85

乔治将小女儿祖祖的花瓣放进口袋里。

乔治对家人大发雷霆。

90

乔治离家来到马蒂尼的酒吧，并向上帝祈求帮助。

乔治被殴打，离开酒吧。

95

他驾车撞到了树上，弃车离开。

乔治来到桥上准备轻生，克拉伦斯（亨利·特拉沃斯）在他之前跳入河中。

克拉伦斯说自己是天使。

100

乔治希望自己从未出生。

克拉伦斯满足了他的愿望，乔治的左耳恢复了听力。

贝德福德镇变成了波特镇。

克拉伦斯说每次铃铛一响，就会有一位天使获得翅膀。

105

乔治发现没人认识他。

乔治找不到祖祖的花瓣了。

110

乔治发现他的家已经被废弃了。

乔治的母亲说自己不认识乔治。

贝礼庄园变成了墓地，哈利被葬在这里，他在9岁时死于溺水。

克拉伦斯告诉他："你曾拥有过美好的生活。"

玛丽成了一名没有结婚的图书管理员，她从乔治身边跑开了。

115

乔治跑回桥上，祈求能够重新来过。

乔治在口袋里找到了祖祖的花瓣。

乔治与家人团圆。

奇迹发生了，公司的客户为乔治送来了资金。

所有人唱起基督赞美诗。

120

哈利到来，并告诉乔治他已经成为镇上的首富。

圣诞树上的铃铛响起，祖祖说"每次铃铛一响，就会有一位天使获得翅膀"。

剧终，众人齐唱《友谊地久天长》。

125

## 3 问题的解决

90～120 分钟

# 锦城春色

让我们按照数字顺序跟随《锦城春色》（1949）中的三位水兵游览整个纽约市。

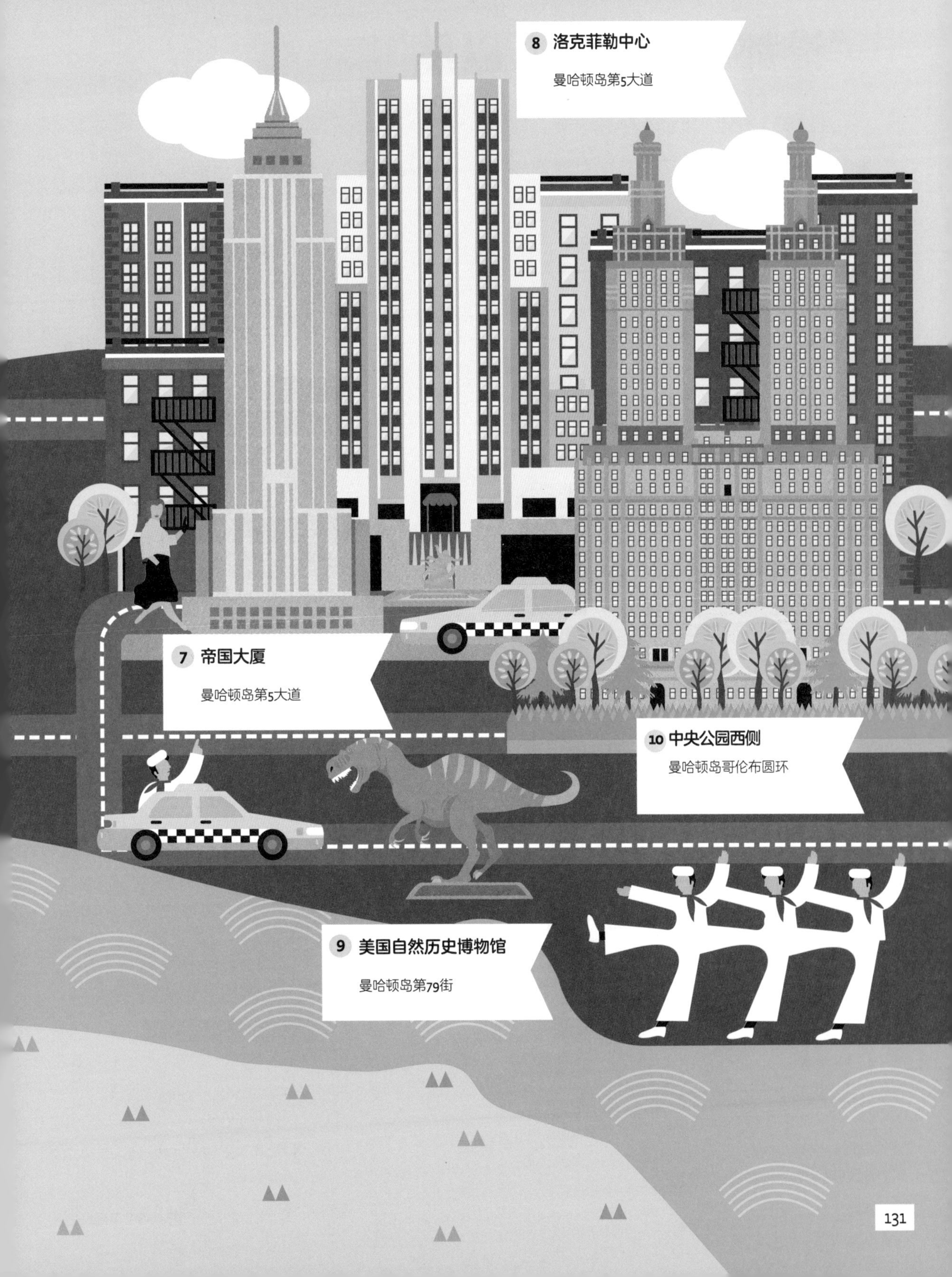
8 洛克菲勒中心
曼哈顿岛第5大道
7 帝国大厦
曼哈顿岛第5大道
10 中央公园西侧
曼哈顿岛哥伦布圆环
9 美国自然历史博物馆
曼哈顿岛第79街

# “谁都说不出个所以然”*

从2005年开始，黑名单网站每年都会公布当年好莱坞大人物们认为最好的剧本（但尚未拍摄成电影）。这里我们列举了每年的前两名，以及虽然选择的人数较少、但后来取得了巨大成功的电影剧本。

| 片名（成片年份） | 选择该剧本的比例（%） | 全球票房（百万美元） | 剧本公布年份 |
|---|---|---|---|
| 《遗失在火中的记忆》（2007） | 28 | 8.5 | 2005 |
| 《朱诺》（2007） | 27 | 231 | 2005 |
| 《遗愿清单》（2007） | 01 | 175 | 2005 |
| 《拉特伯格强盗》 | 33 | 未上映 | 2006 |
| 《国家要案》（2009） | 26 | 88 | 2006 |
| 《少年派的奇幻漂流》（2012） | 02 | 604 | 2006 |
| 《选票风波》（2008） | 29 | 作为电视剧场版推出 | 2007 |
| 《总统杀局》（2011） | 29 | 76 | 2007 |
| 《宿醉》（2009） | 02 | 467 | 2007 |
| 《海狸》（2011） | 27 | 06 | 2008 |
| 《橘子》（2011） | 24 | 0.36 | 2008 |
| 《大侦探福尔摩斯》（2009） | 02 | 524 | 2008 |
| 《布偶人》 | 16 | 未上映 | 2009 |
| 《社交网络》（2010） | 24 | 225 | 2009 |
| 《国王的演讲》（2010） | 02 | 414 | 2009 |
| 《大学共和党人》 | 17 | 未上映 | 2010 |
| 《第一夫人》 | 16 | 未上映 | 2010 |
| 《饥饿游戏》（2012） | 04 | 691 | 2010 |
| 《模仿游戏》 | 44 | 212 | 2011 |
| 《当街灯熄灭》 | 30 | 未上映 | 2011 |
| 《被解救的姜戈》（2013） | 05 | 413 | 2011 |

10 20 30 40 50

1 5 10 25 50 100 250 500 750

*此语出自著名编剧威廉·高德曼。

资料来源：黑名单网站、Box Office Mojo和IMDb。已获得使用授权。

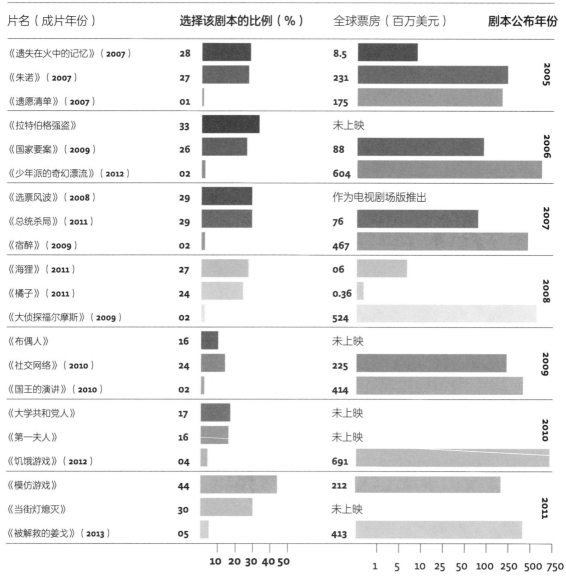

# 已故的作家才能写出最好的故事

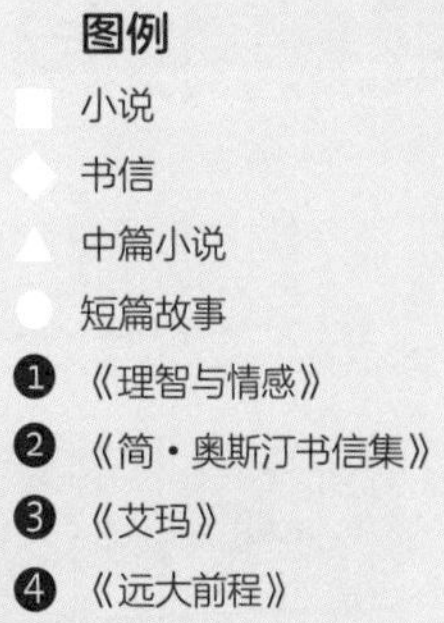


两位19世纪的作家简·奥斯汀和查尔斯·狄更斯的小说对电影观众也具有吸引力。进入新千年以来，由二人作品改编的电影数量都已经到达10部。这一时期狄更斯的票房成绩甚至已经超过在世的美国作家中最受欢迎的斯蒂芬·金。

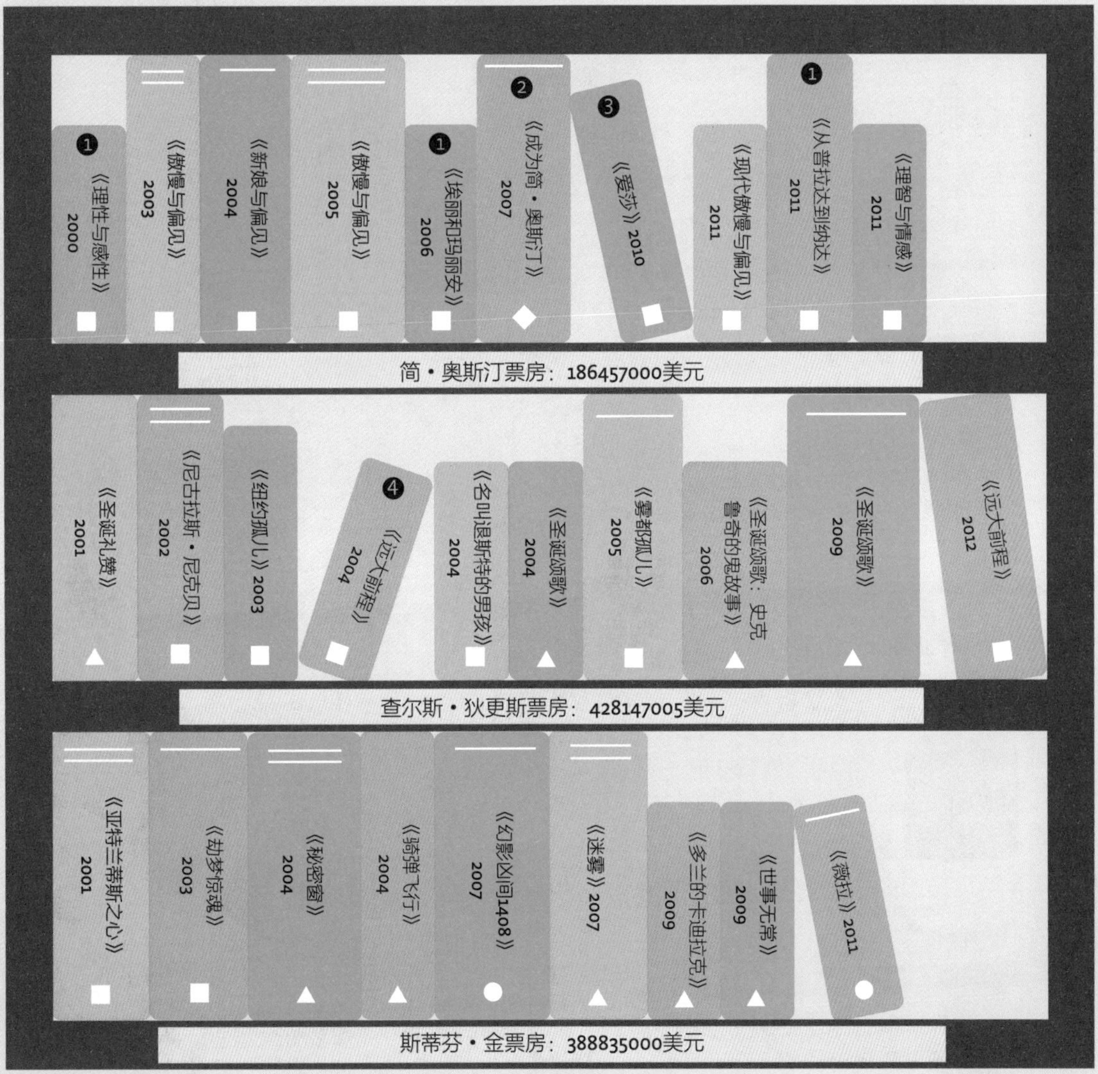


资料来源：IMDb。已获得使用授权。

# 咸鱼翻身的电影

下面这6部电影在上映之初并没有取得太好的成绩，但令人惊讶的是，它们不但在后来被认为是影史上的经典佳作，还获得了巨大的票房成功。

资料来源：IMDb。已获得使用授权。

# 盗版者的最爱

根据BT下载监控网站（TorrentFreak）2012年的数据，被盗版下载最多的电影并不一定是票房最高的作品。

盗版下载次数最多的电影/下载次数

1. 《X计划》（870万次）
2. 《碟中谍4：幽灵协议》（850万次）
3. 《蝙蝠侠：黑暗骑士崛起》（820万次）
4. 《复仇者联盟》（810万次）
5. 《大侦探福尔摩斯：诡影游戏》（785万次）
6. 《龙虎少年队》（760万次）
7. 《龙文身的女孩》（740万次）
8. 《独裁者》（730万次）
9. 《冰川时代4》（690万次）
10. 《暮光之城：破晓（上）》（670万次）

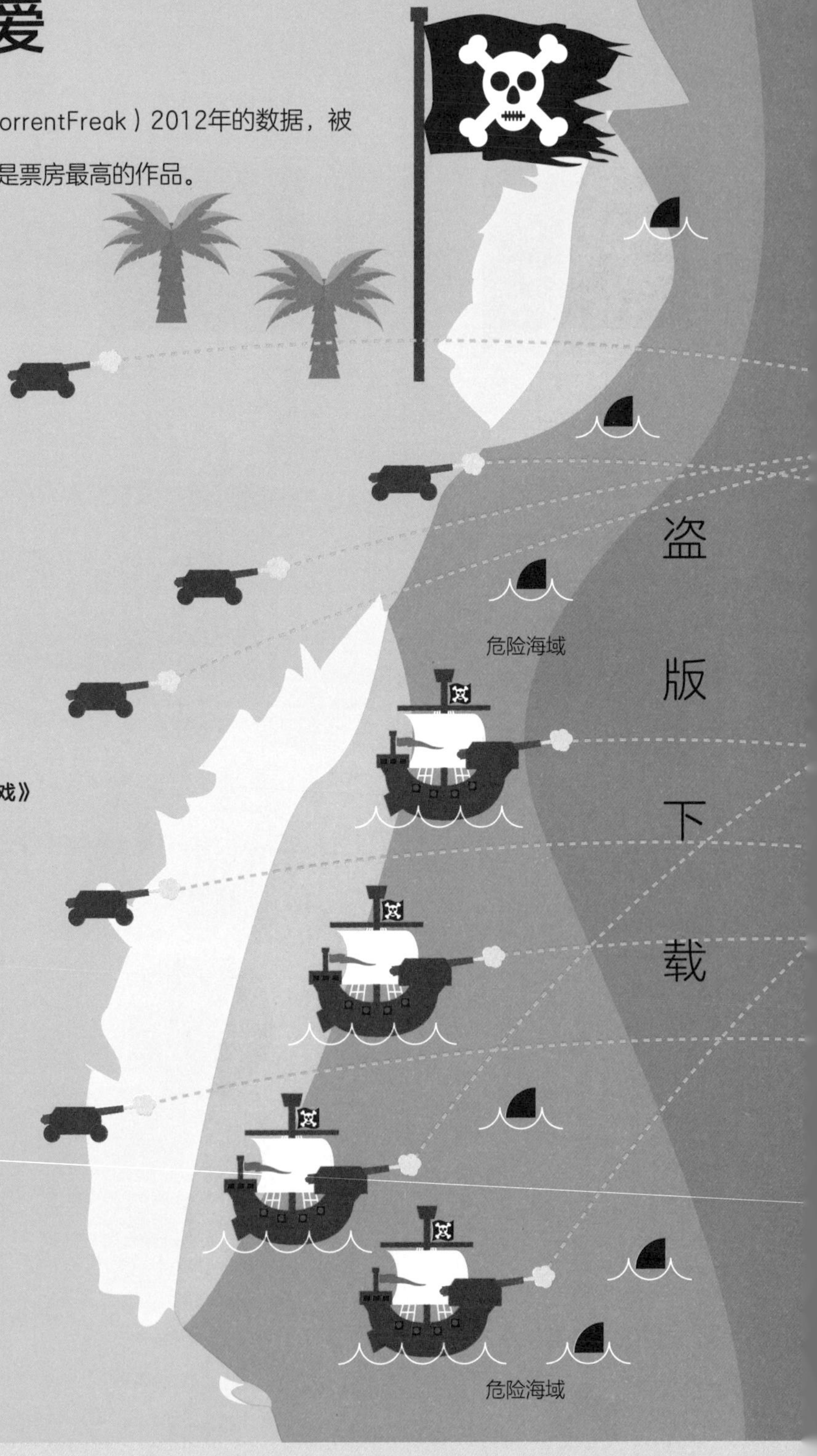

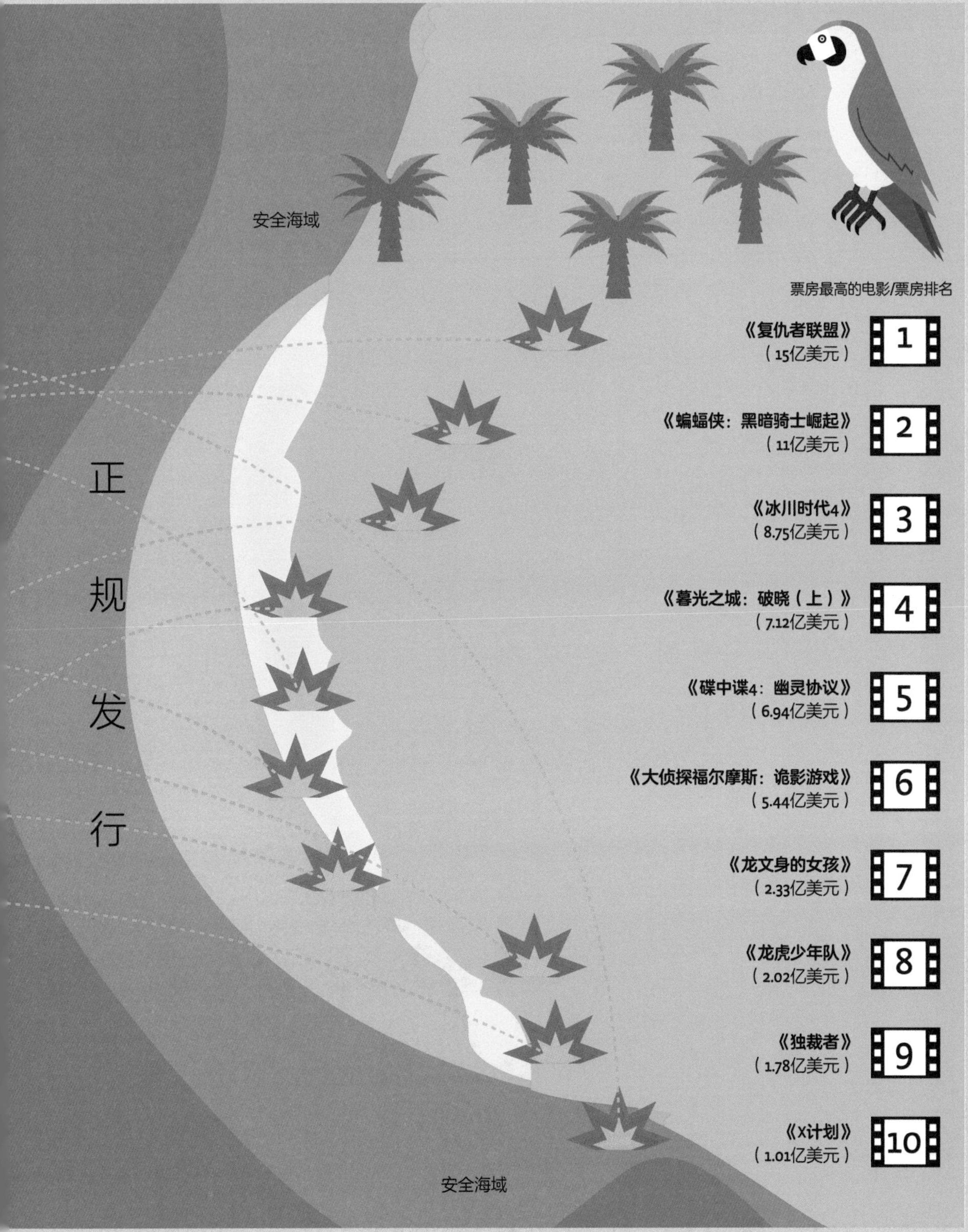


被盗版下载次数最多的电影（2006年至2012年8月，资料来源：TorrentFreak）。
其他资料来源：Box Office Mojo和IMDb。已获得使用授权。

# 存在关联吗？

什么样的连环杀手最令电影人感兴趣呢？对比发现，杀手杀害的人数与以他/她为原型的电影数量之间并没有直接关联。

**杀手及受害者人数**

| | 杀手 | 男 | 女 | | 杀手 | 男 | 女 |
|---|---|---|---|---|---|---|---|
| A | 巴托里 | 80 | 0 | I | 哈曼 | 0 | 27 |
| B | 博科维茨 | 5 | 1 | J | 开膛手杰克 | 0 | 5 |
| C | 比安奇 | 10 | 0 | K | 库尔登 | 5 | 2 |
| D | 邦迪 | 30 | 0 | L | 兰杜 | 10 | 1 |
| E | 达莫 | 0 | 17 | M | 卢卡斯 | 15 | 6 |
| F | 德萨沃 | 14 | 0 | L | 斯塔克韦瑟 | 6 | 5 |
| G | 费尔南德斯 | 20 | 0 | N | 十二宫杀手 | 6 | 3 |
| H | 盖西 | 33 | 0 | | | | |

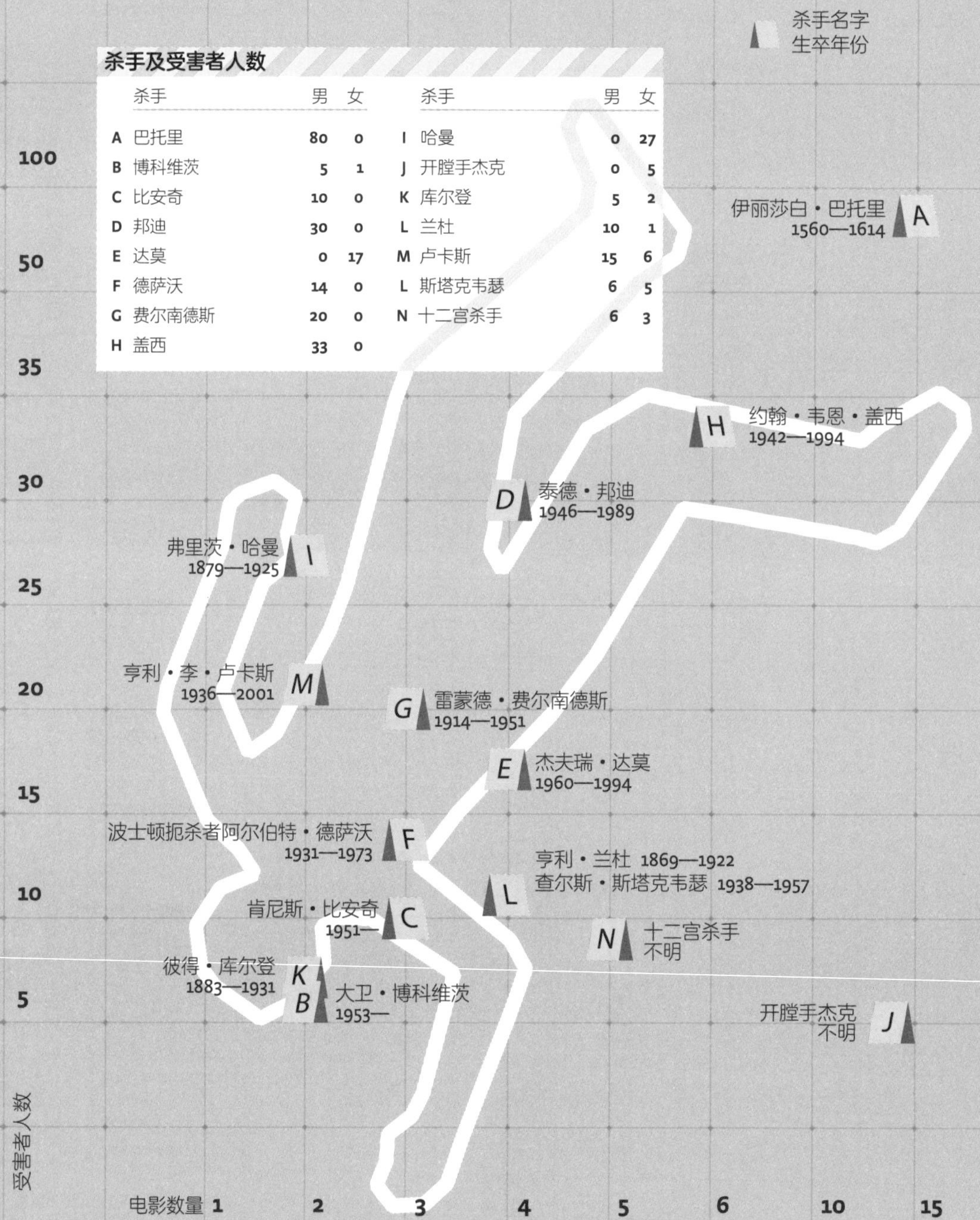




其他资料来源：IMDb。已获得使用授权。

# 汤姆·汉克斯的合作伙伴

以票房成绩而论，汤姆·汉克斯算是美国最成功的演员之一。他倾向与熟悉的导演合作，而他所青睐的导演也非常喜欢他。下图列出了他与导演们的合作关系与相关影片信息。

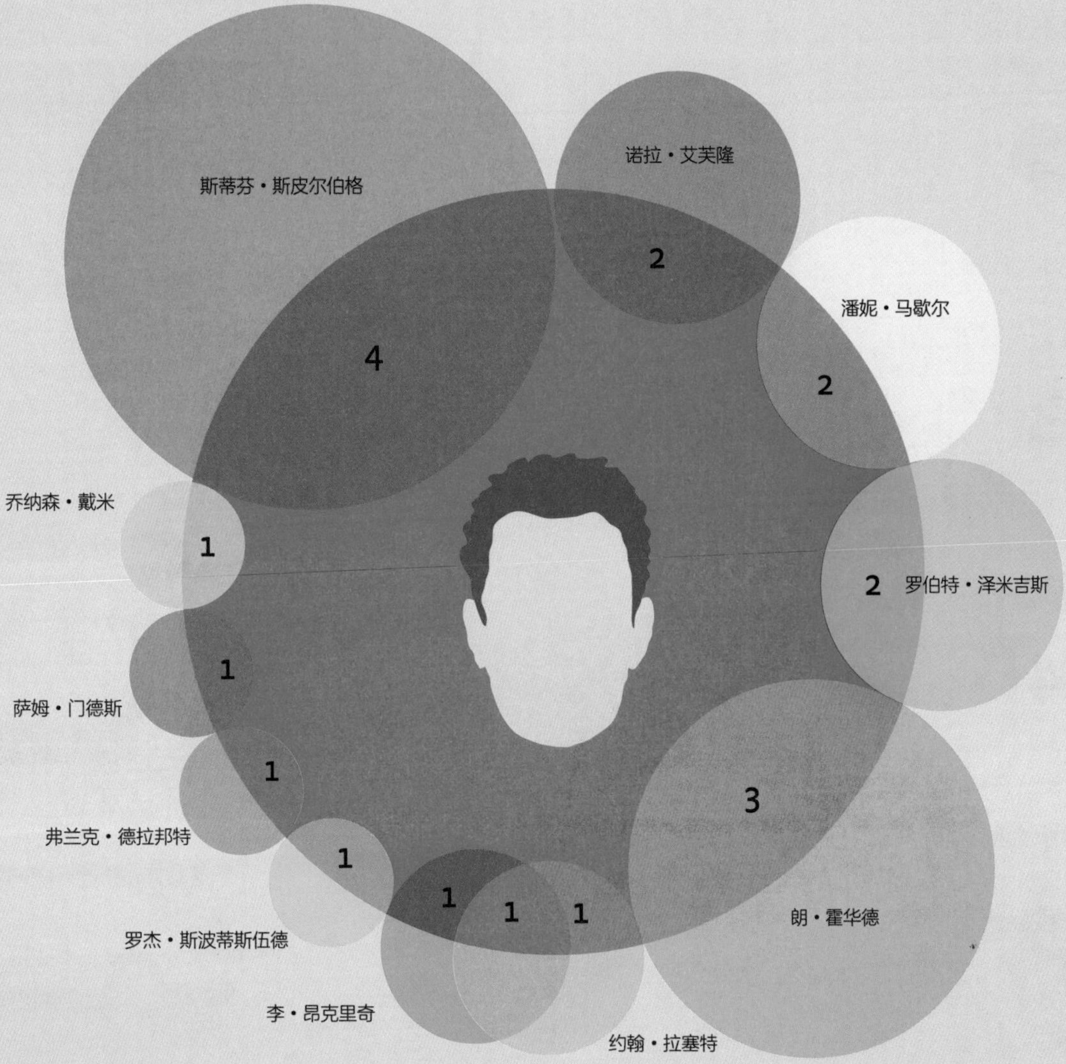


- 《拯救大兵瑞恩》（1998）
- 《猫鼠游戏》（2002）
- 《幸福终点站》（2004）
- 《极地特快》（配音，2004）
- 《西雅图夜未眠》（1993）
- 《电子情书》（1998）
- 《飞越未来》（1988）
- 《红粉联盟》（1992）
- 《阿甘正传》（1994）
- 《荒岛余生》（2000）
- 《阿波罗13号》（1995）
- 《达·芬奇密码》（2006）
- 《天使与魔鬼》（2009）
- 《玩具总动员》（配音，1995）
- 《玩具总动员2》（配音，1999）
- 《玩具总动员3》（配音，2010）
- 《古惑丑拍档》（1989）
- 《绿里奇迹》（1999）
- 《毁灭之路》（2002）
- 《费城故事》（1993）

| | 影片 | 汽车 | 出厂年份 | 发动机排量和结构 | 排气量 | 输出功率 | 0~60千米加速用时 | ¼英里加速用时 |
|---|---|---|---|---|---|---|---|---|
| 1 | 《007：大破量子危机》（2009） | 阿斯顿·马丁 Vantage（英国） | 2009 | 4.7l V8 | 289立方英寸 | 420马力 | 4.6秒 | 13秒 |
| 2 | 《速度与激情》（2001） | 尼桑 Maxima（日本） | 1999 | 3.0l V6 | 182立方英寸 | 265马力 | 5.2秒 | 13.7秒 |
| 3 | 《偷天换日》（2003） | 宝马 Mini（德国） | 2003 | 1.6l | 98立方英寸 | 200马力 | 6.6秒 | 15.1秒 |
| 4 | 《午夜巴黎》（2012） | 标致 176型（法国） | 1925 | 2.5l | 152立方英寸 | 10马力 | 未知 | 未知 |
| 5 | 《疯狂金车》（2005） | 大众 甲壳虫（德国） | 1963 | 1.2l | 73立方英寸 | 40马力 | 25秒 | 23秒 |
| 6 | 《变形金刚2》（2005） | 奥迪 A8（德国） | 2005 | 5.2l V8 | 317立方英寸 | 444马力 | 5.1秒 | 13.9秒 |

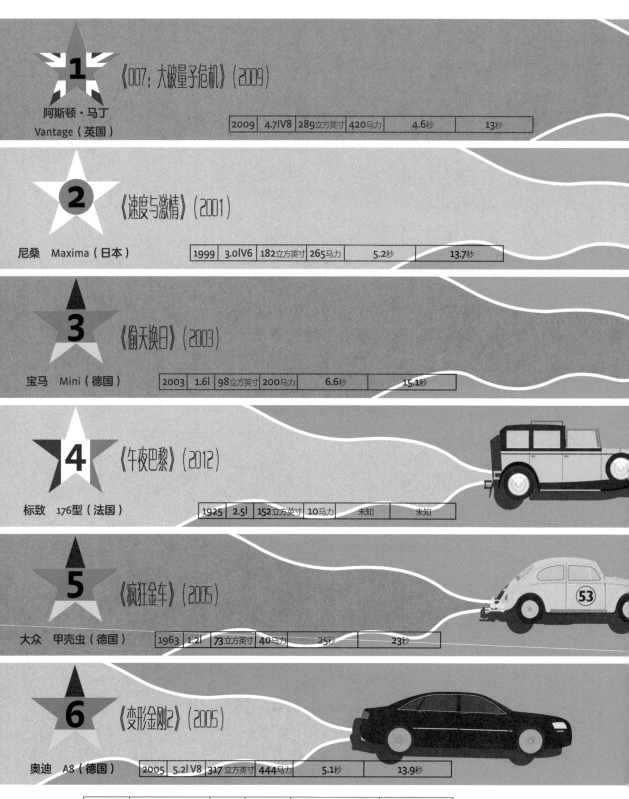

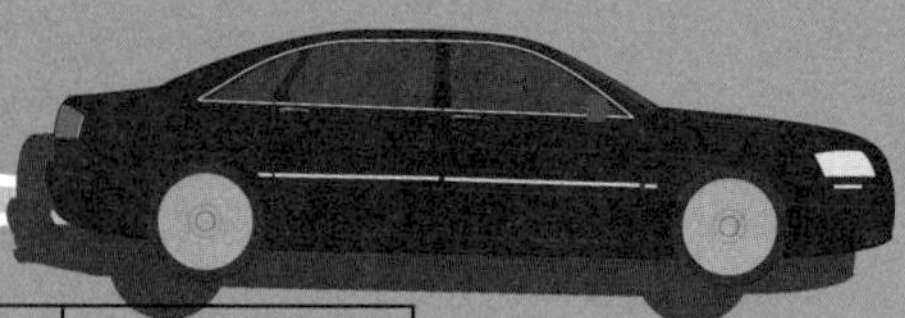

图例：出厂年份 | 发动机排量和结构 | 排气量 | 输出功率 | 0~60千米加速用时 | ¼英里加速用时

100立方英寸约为1.64升，1英里约为1.6

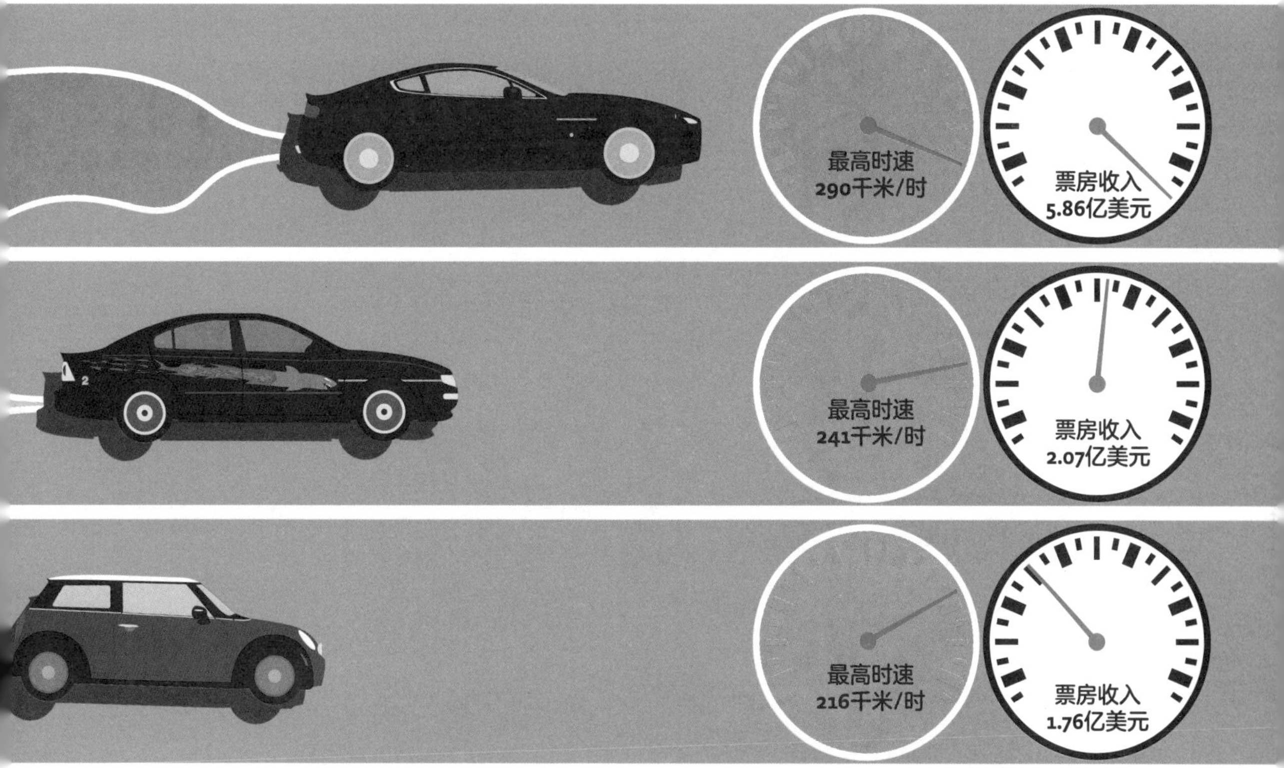


# 进口逃生车辆

就像并不是所有电影都是美国拍摄的一样，电影中的所有汽车也并非都是美国制造的。这里列举的几种车型都在经典之作中大放异彩，正如我们可以选择经典007电影来证明阿斯顿马丁的价值，这些汽车也代表了21世纪以来最精彩的汽车追逐情节。

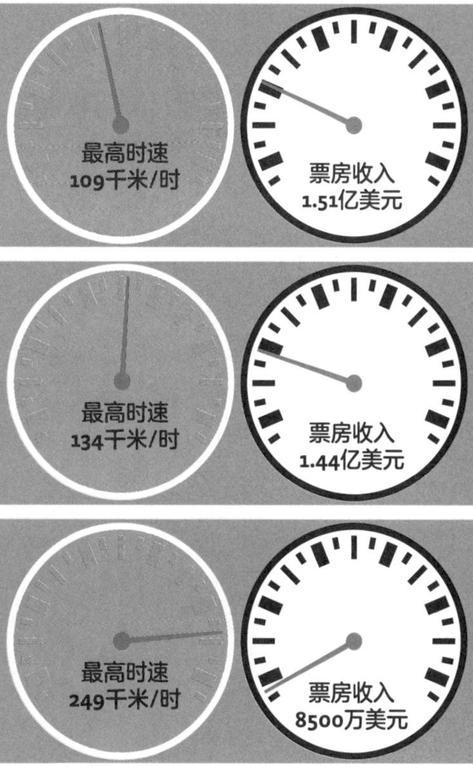


资料来源：Box Office Mojo。已获得使用授权。

# 金熊和金狮

历史最悠久的三大国际电影节分别是意大利威尼斯电影节（始于1932年）、法国戛纳电影节（始于1947年）和德国柏林电影节（始于1951年）。所有电影节都会评选出全球范围内当年最优秀的电影。通过各个国家和地区电影的获奖情况，我们可以了解到哪个国家的人更喜爱邻国拍摄的电影，比如从未有西班牙电影赢得过金狮奖，却有7部德国电影获此殊荣。

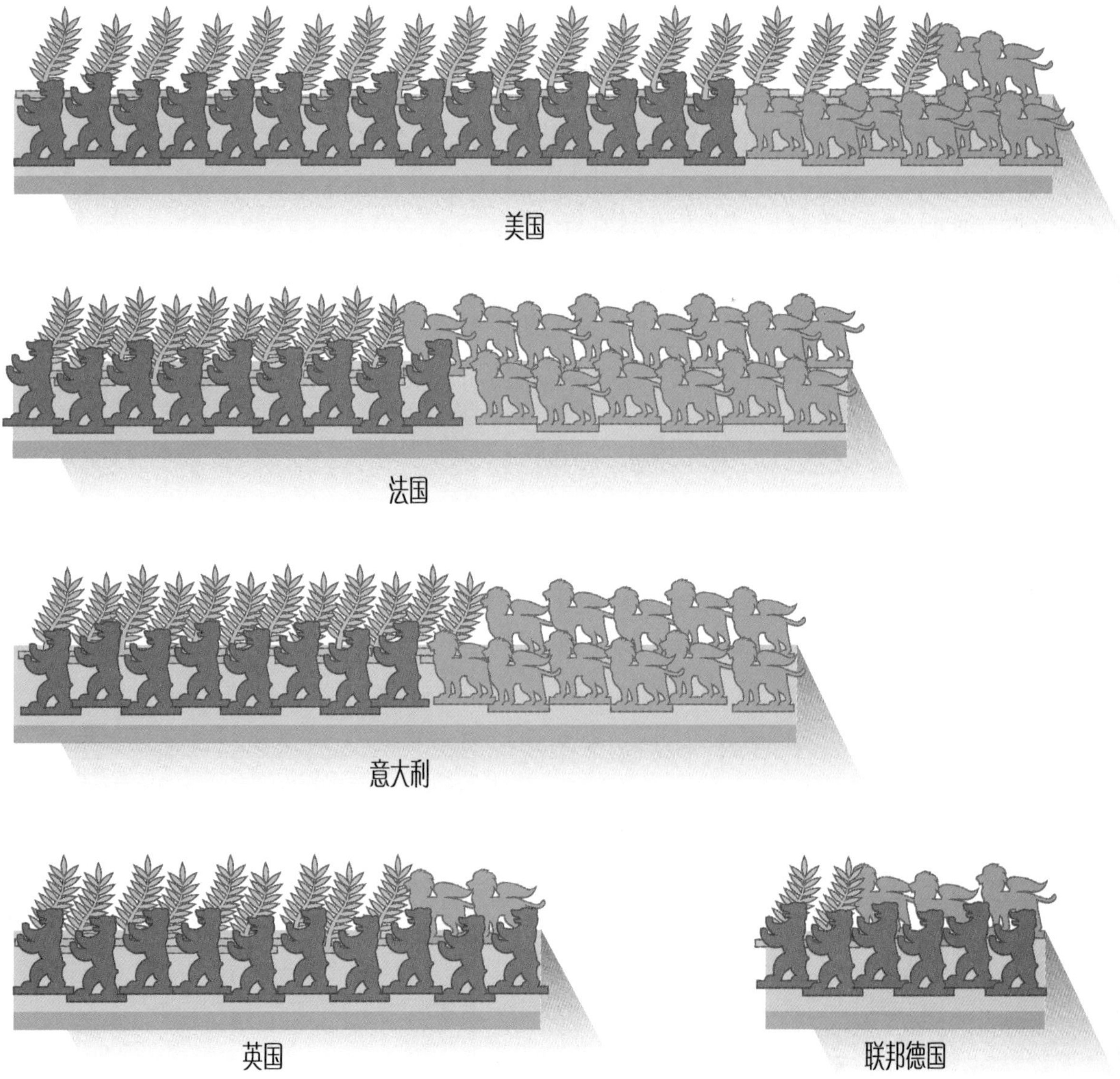

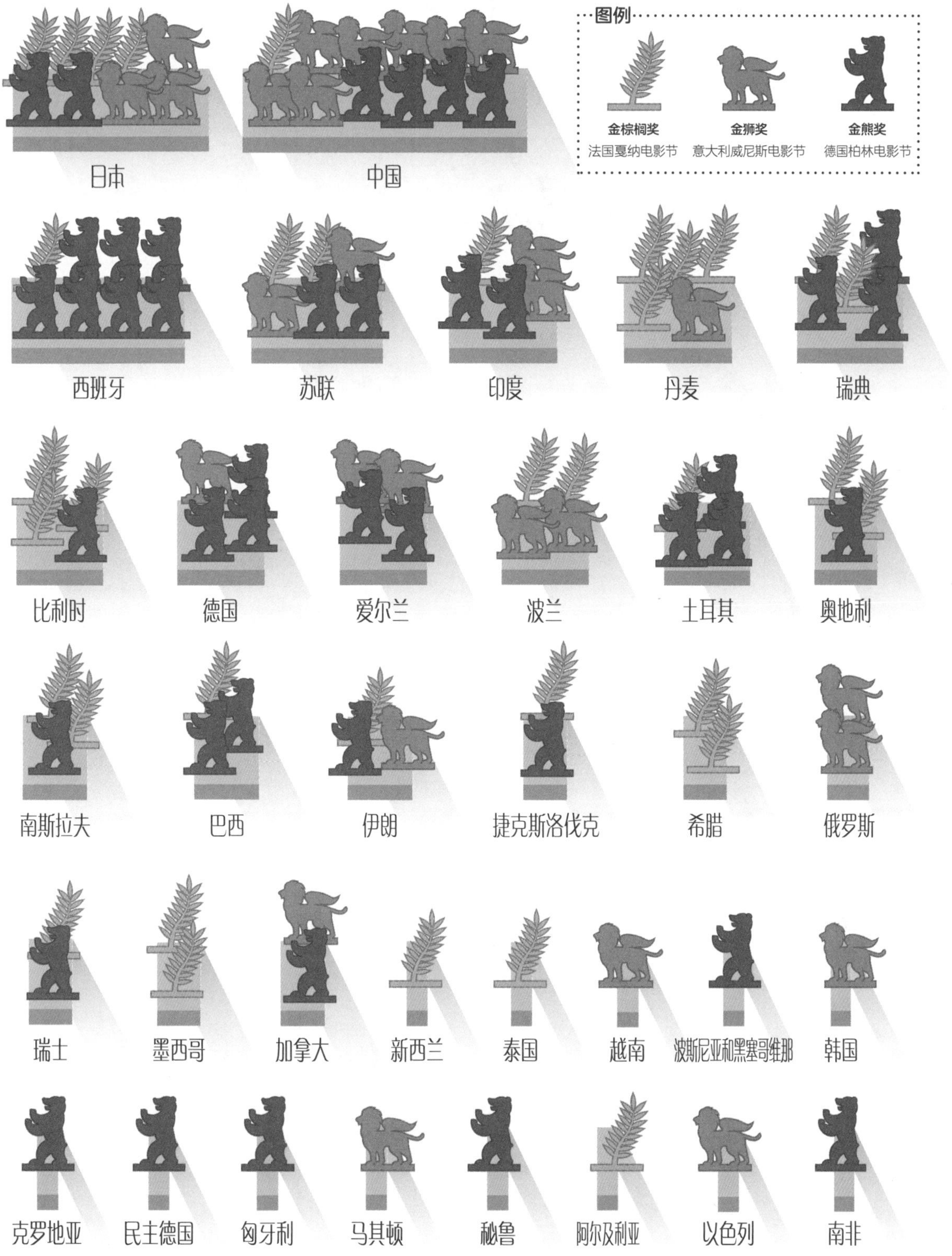

图例
金棕榈奖
法国戛纳电影节
金狮奖
意大利威尼斯电影节
金熊奖
德国柏林电影节
日本
中国
西班牙
苏联
印度
丹麦
瑞典
比利时
德国
爱尔兰
波兰
土耳其
奥地利
南斯拉夫
巴西
伊朗
捷克斯洛伐克
希腊
俄罗斯
瑞士
墨西哥
加拿大
新西兰
泰国
越南
波斯尼亚和黑塞哥维那
韩国
克罗地亚
民主德国
匈牙利
马其顿
秘鲁
阿尔及利亚
以色列
南非

# 永远不要与孩子合作？

到底谁才是银幕上的父母专业户呢？近年来，这4位演员在电影中与儿童合作的次数遥遥领先。

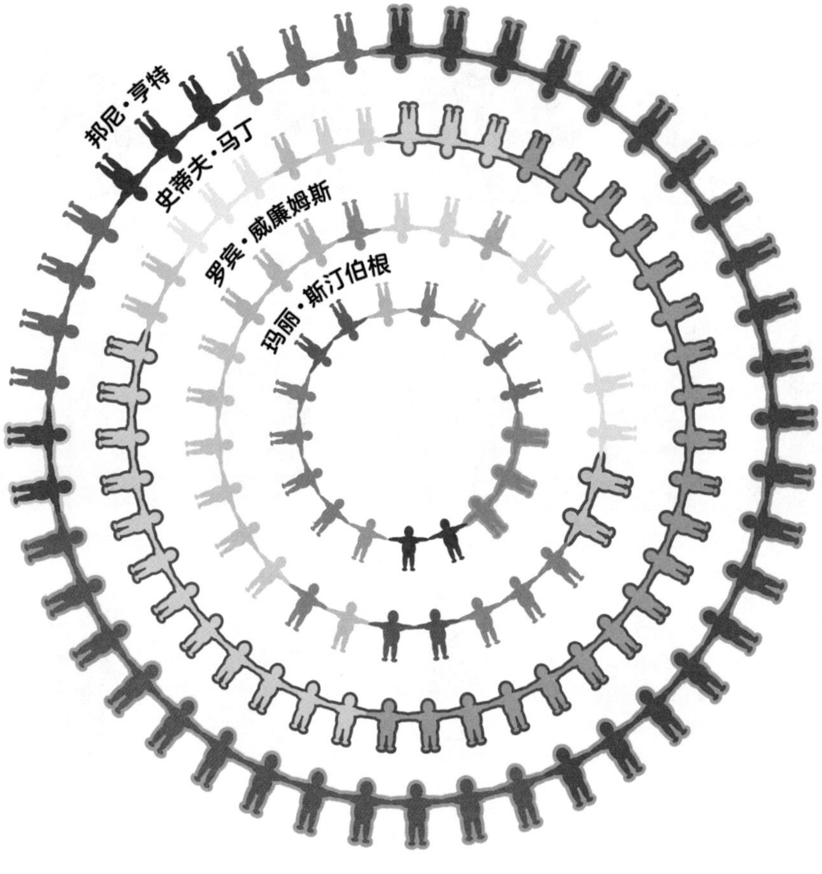


**图例**

绿色表示该部影片中这名儿童的父亲由史蒂夫·马丁饰演

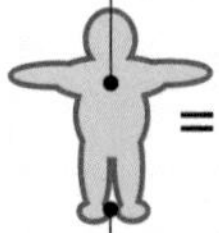

= 图标的数量表示该部电影中儿童的数量

外边框的颜色表示这名儿童的另一位家长由其余三名演员中的哪一位扮演，图中的范例显示的是玛丽·斯汀伯根

**邦尼·亨特**

- 《无敌当家》
- 《无敌当家2》
- 《童年的约定》
- 《勇敢者的游戏》
- 《儿女一箩筐》
- 《儿女一箩筐2》

**史蒂夫·马丁**

- 《温馨家族》
- 《新岳父大人》
- 《淘气精灵》
- 《新岳父大人2》
- 《爱到房倒屋塌》
- 《儿女一箩筐》
- 《儿女一箩筐2》

**罗宾·威廉姆斯**

- 《窈窕奶爸》
- 《勇敢者的游戏》
- 《家有杰克》
- 《不可能的拍档》
- 《美梦成真》
- 《善意的谎言》
- 《机器管家》
- 《房车之旅》
- 《午夜听众》
- 《声梦奇缘》
- 《世界上最伟大的父亲》
- 《老家伙》

**玛丽·斯汀伯根**

- 《魔法圣诞节》
- 《温馨家庭》
- 《流浪赤子情》
- 《闪电奇迹》
- 《我是山姆》
- 《阳光天堂》
- 《圣诞精灵》
- 《非亲兄弟》
- 《电光冷雾中》

# 血色将至

作为恐怖电影下的一个分类，杀人狂电影出现于20世纪70年代，在接下来的50年时间里，银幕上不乏将年轻受害者们残忍杀害的凶手。那么究竟哪一位凶手手上所沾的鲜血更多呢？这类电影在哪一段时间里最受欢迎呢？

《13号星期五》资料来源：slightly warped网站；其他资料来源：维基百科。

# 谁在放声大笑?

请通过图片回想这些经典喜剧的名字。图片上还提供了每部电影名的第一个字。

 答案见第152页

# 完美的约会电影

或者我最喜欢你的十个地方！

拍摄一部完美的浪漫喜剧需要哪些要素？

### 故事情节

| | |
|---|---|
| 1 | 有情人终成眷属。 |
| 2 | 她是一位缺少爱情的悲伤作家。 |
| 3 | 男人和女人因为狗走到一起。 |
| 4 | 城市女孩在小镇找到真爱。 |
| 5 | 她很漂亮却不自知。 |
| 6 | 恋爱之路困难重重。 |
| 7 | 她爱上了已去世的男子。 |
| 8 | 他们能够（从某种意义上）控制时间。 |
| 9 | 当鞋帽的搭配非常和谐的时候，爱情也就降临了。 |
| 10 | 万年伴娘最终遇到真爱。 |

### 女演员

| | | |
|---|---|---|
| 詹妮弗·安妮斯顿 | 海伦·亨特 | 黎安·莱姆斯 |
| 德鲁·巴里摩尔 | 凯瑟琳·基纳 | 莫利·林沃德 |
| 桑德拉·布洛克 | 米娅·科施娜 | 茱莉亚·罗伯茨 |
| 瑞切尔·蕾·库克 | 戴安·莲恩 | 梅格·瑞恩 |
| 凯特·戴琳斯 | 詹妮弗·洛佩兹 | 艾米·斯马特 |
| 卡梅隆·迪亚茨 | 安迪·麦克道尔 | 朱丽叶特·斯蒂文森 |
| 艾拉·菲舍尔 | 米歇尔·莫娜汉 | 朱丽娅·斯蒂尔斯 |
| 詹尼安·吉劳法罗 | 黛米·摩尔 | 芭芭拉·史翠珊 |
| 安妮·海瑟薇 | 莎拉·杰西卡·帕克 | 凯特·温斯莱特 |
| 凯瑟琳·海格尔 | 米歇尔·菲佛 | 瑞茜·威瑟斯彭 |
| 詹妮弗凯特·哈德 | 瑞秋·麦克亚当斯 | 蕾妮·齐薇格 |

# 丹尼尔·戴-刘易斯：胡须决定成败

丹尼尔·戴-刘易斯赢得奥斯卡所扮演的三个角色都需要他蓄须，而他一旦剃掉胡须后登上大银幕，每次都会在重大奖项的评选中输给蓄须的对手。

**《我的左脚》**（1989）
获得奥斯卡、金球奖、英国电影和电视艺术学院奖（BAFTA）。

**《最后的莫希干人》**（1992）
获得BAFTA提名，最终获奖的小罗伯特·唐尼（《卓别林》）上唇蓄有小胡子。

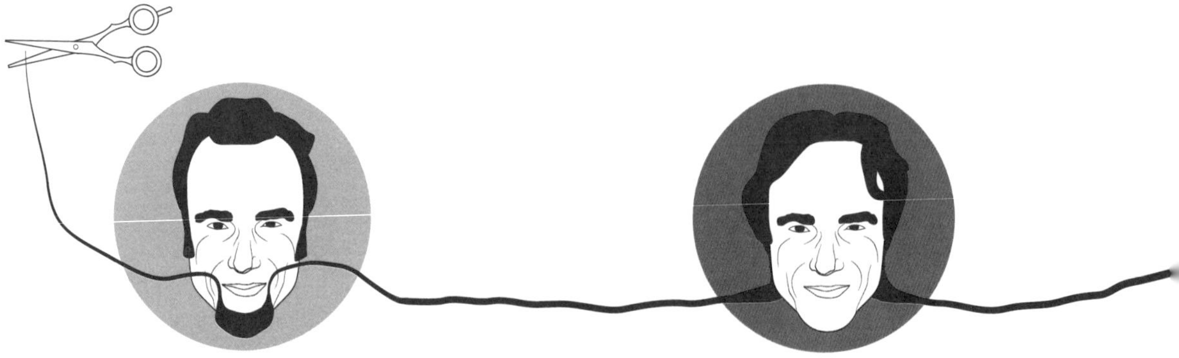

**《林肯》**（2012）
获得奥斯卡、金球奖、BAFTA。

**《九》**（2009）
获得金球奖最佳喜剧或音乐剧男主角提名，最终获奖的小罗伯特·唐尼（《大侦探福尔摩斯》）两颊和下颌留有胡茬。

## 图例

- 留有胡须，因此获奖
- 未留胡须，被有胡须的演员击败

**《因父之名》**（1993）
获得奥斯卡和金球奖提名，最终获奖的汤姆·汉克斯（《费城故事》）留有淡淡的胡须。

**《因爱之名》**（1997）
获得金球奖提名，最终获奖的彼得·方达（《养蜂人家》）留有胡茬。

**《血色将至》**（2007）
获得奥斯卡、金球奖、BAFTA。

**《纽约黑帮》**（2002）
获得BAFTA。同时获得奥斯卡提名，最终获奖的阿德里安·布劳迪（《钢琴师》）留有浓密的胡须。还获得金球奖提名，最终获奖的杰克·尼科尔森（《关于施密特》）留有比较明显的胡茬。

资料来源：Box Office Mojo。已获得使用授权。

# 曲终人散

最成功的灾难电影都描绘了世界遭遇灾难、人类即将灭亡的场景，造成这一情况的原因主要有四个：神、人类自身、大自然和外星来客。下图列出了一些灾难电影的上映年份、灾难的原因和票房（部分未知）。

1950

'51 《当世界毁灭时》 小行星撞击 **115万美元**

'56 《天外魔花》 外星人入侵 **2500万美元**

'59 《海滨》 核战争

1960

'64 《奇爱博士》 核战争 **940万美元**

'68 《人猿星球》 自然灭亡 **3250万美元**

'68 《活死人之夜》 具有放射性的食尸鬼 **4200万美元**

1970

'74 《诺斯特拉达穆斯的大预言》 放射性污染

'77 《最后大浪》-天气灾害 **86.6万美元**

'77 《世界尽头》 外星人入侵

1980

'83 《浩劫后》 核战争

'85 《寂静的地球》 科学实验出现失误 **210万美元**

'85 《末日终结者》 核战争 **115万美元**

1990

'90 《颠覆指令》 核战争

'91 《灾难被提》 圣经中描写的大灾难 **130万美元**

'92 《人类之子》 人类丧失生育能力 **7000万美元**

'98 《最后一夜》（因为上帝行事是无法被凡人理解的） **60万美元**

总票房：**9640**万美元

总票房：**10.5**亿美元

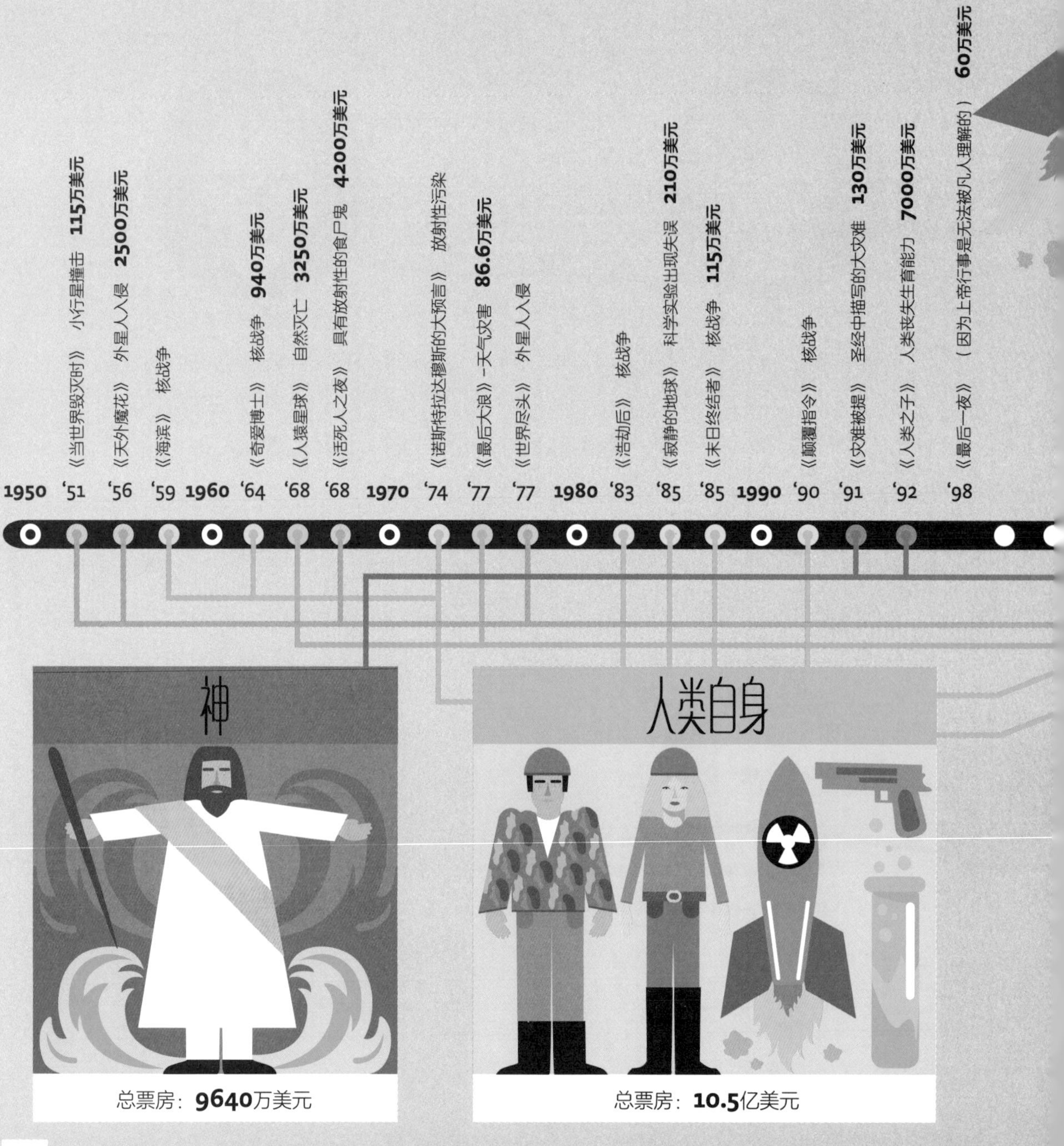

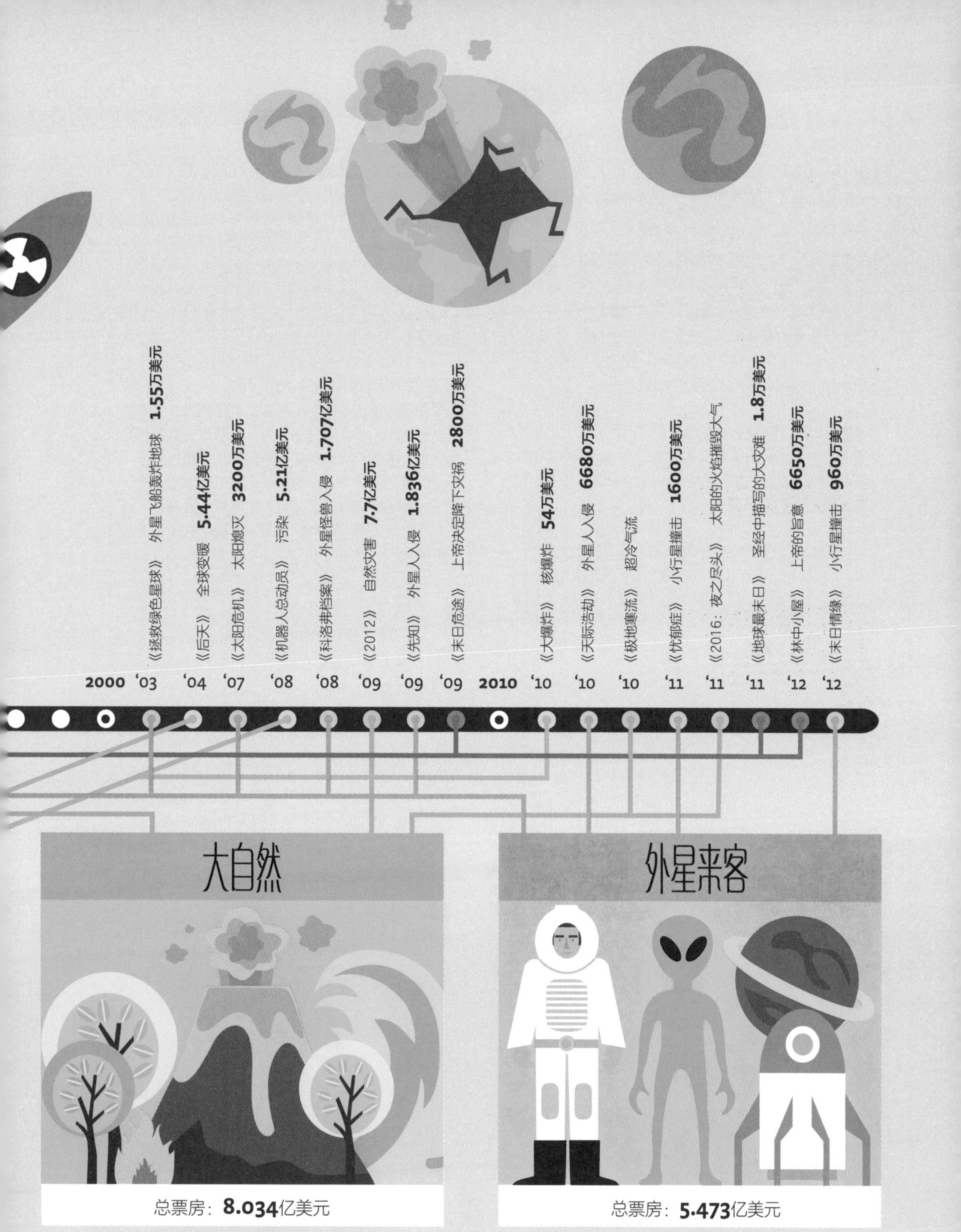
2000
'03 《拯救绿色星球》 外星飞船轰炸地球 1.55万美元
'04 《后天》 全球变暖 5.44亿美元
'07 《太阳危机》 太阳熄灭 3200万美元
'08 《机器人总动员》 污染 5.21亿美元
'08 《科洛弗档案》 外星怪兽入侵 1.707亿美元
'09 《2012》 自然灾害 7.7亿美元
'09 《先知》 外星人入侵 1.836亿美元
'09 《末日危途》 上帝决定降下灾祸 2800万美元
2010
'10 《大爆炸》 核爆炸 54万美元
'10 《天际浩劫》 外星人入侵 6680万美元
'10 《极地寒流》 超冷气流
'11 《忧郁症》 小行星撞击 1600万美元
'11 《2016：夜之尽头》 太阳的火焰摧毁大气
'11 《地球最末日》 圣经中描写的大灾难 1.8万美元
'12 《林中小屋》 上帝的旨意 6650万美元
'12 《末日情缘》 小行星撞击 960万美元
大自然
总票房：8.034亿美元
外星来客
总票房：5.473亿美元

资料来源：Box Office Mojo。已获得使用授权。

# 答案

## 20世纪70年代的经典电影（第10页）

《波塞冬历险》《爱情你我他》《大白鲨》《洛奇》

《魂断梦醒》《现代启示录》《飞越疯人院》

《生死狂澜》《金龟车大闹旧金山》《西部世界》

## 20世纪80年代的经典电影（第32页）

《领航员》《少狼》《铁面无私》《西力传》

《魔幻迷宫》《辣身舞》《亲爱的，我把孩子缩小了》

《仙乐都》《回到未来》《公主新娘》

## 20世纪90年代的经典电影（第77页）

《恐怖地带》《人鬼情未了》《电子情书》《X档案》

《阿呆和阿瓜》《飞越童真》《小鬼当家》《机智问答》

《非常嫌疑犯》《保镖》

## 21世纪第一个10年的经典电影（第96页）

《V字仇杀队》《断背山》《美丽心灵的永恒阳光》《大人物拿破仑》《逃狱三王》《纽约黑帮》《毁灭之路》

《你妈妈也一样》《不死劫》《天使爱美丽》

## 改编自文学作品的电影（第128页）

《可爱的骨头》《闪灵》《查理和巧克力工厂》

《大地惊雷》《我们需要谈谈凯文》《法国中尉的女人》

《老无所依》《十二宫》《美国精神病人》

《巴斯克维尔的猎犬》《桃色交易》《少年亚当》

《豺狼的日子》《尤利西斯》《蒂凡尼的早餐》

《K星异客》《英国病人》《告别有情天》《名利场》

《龙文身的女孩》

## 谁在放声大笑？（第146页）

《球场古惑仔》《保龄小子》《太空炮弹》《奇爱博士》

《小爸爸大儿子》《巴克叔叔》《两男一女三逃犯》

《风流大国手》《单身男子俱乐部》《粉红豹》

《土拨鼠之日》《大人物拿破仑》《愚笨的人》

《四头狮子》《拜见岳父大人》《爱上罗珊》

《人狗对对碰》《新科学怪人》《我与长指甲》

《布莱恩的一生》